嵌入式系统原理及应用

——基于 ARM Cortex-M4 体系结构

主编：杨永杰　许　鹏

参编：蔡　燕　申红明　章国安

北京理工大学出版社
BEIJING INSTITUTE OF TECHNOLOGY PRESS

内 容 简 介

本书从工程实践的角度出发，以 ARM Cortex-M4 架构为研究对象，系统地介绍嵌入式系统 ARM 微处理器的基础知识，以及编程模型、指令系统、汇编程序设计、嵌入式 C 语言设计、工作原理和开发环境，并以 STM32F4 教学开发平台为例，介绍 MDK5 开发环境和典型应用，最后对典型工程应用开发的实例进行分析。

本书内容全面、由浅入深，叙述言简意赅、清晰流畅，讲解通俗易懂，各章实例均已验证。

本书可以作为高等院校相关专业的本科高年级学生和研究生的专业课教材，也可以作为从事嵌入式系统开发和设计人员的参考用书。

版权专有　侵权必究

图书在版编目（CIP）数据

嵌入式系统原理及应用：基于 ARM Cortex-M4 体系结构/杨永杰，许鹏主编. —北京：北京理工大学出版社，2018.8（2022.1 重印）

ISBN 978-7-5682-6268-2

Ⅰ.①嵌… Ⅱ.①杨… ②许… Ⅲ.①微型计算机-系统设计-高等学校-教材 Ⅳ.①TP360.21

中国版本图书馆 CIP 数据核字（2018）第 201926 号

出版发行 /	北京理工大学出版社有限责任公司
社　　址 /	北京市海淀区中关村南大街 5 号
邮　　编 /	100081
电　　话 /	（010）68914775（总编室）
	（010）82562903（教材售后服务热线）
	（010）68944723（其他图书服务热线）
网　　址 /	http://www.bitpress.com.cn
经　　销 /	全国各地新华书店
印　　刷 /	唐山富达印务有限公司
开　　本 /	787 毫米×1092 毫米　1/16
印　　张 /	10.5
字　　数 /	248 千字
版　　次 /	2018 年 8 月第 1 版　2022 年 1 月第 4 次印刷
定　　价 /	30.00 元

责任编辑 /	高　芳
文案编辑 /	赵　轩
责任校对 /	黄拾三
责任印制 /	李志强

图书出现印装质量问题，请拨打售后服务热线，本社负责调换

前 言

进入 21 世纪，嵌入式系统作为芯片和软件的集成体，在科学研究、工业控制、军事技术、医疗卫生、消费电子等方面有着普遍的应用。嵌入式技术的广泛应用，极大地促进了嵌入式处理器性能的提升。处理器的速度从早期 ARM7 系统时钟的几十兆赫兹到 Cortex-A15 系统时钟的 2 500MHz，越来越高的应用需求使高性能处理器应用成为高端开发的必然选择。

嵌入式系统是电子工程、计算机、物联网、自动化、软件工程及相关专业的一门重要的专业课，也是一门实践性很强的技术性课程。该课程涉及的知识点非常多，对于初学者来说，结合自己的目标，找准学习嵌入式系统设计知识的切入点，是非常必要的。

本书以 ARM Cortex-M4 架构为研究对象，介绍嵌入式系统的软硬件架构和系统开发设计的相关内容。通过对本书的学习，读者不仅可以了解嵌入式系统的基础知识，而且可以在 ARM Cortex STM32F4 教学开发平台上应用 MDK5 的开发环境进行相关的工程开发。

本书大部分讲解结合 ARM Cortex STM32F4 教学开发平台，该平台为教学和科研提供了很好的支持。全书共 9 章。

第 1 章为绪论，介绍 ARM 微处理器的定义、应用领域、发展历程、处理器系列及选型，引导读者进入 ARM 技术殿堂。

第 2 章为 ARM Cortex-M4 核体系结构，介绍 ARM 微处理器体系结构特点、工作原理、寄存器组织、存储器系统结构、异常与中断的处理等内容。

第 3 章为 ARM 处理器指令集，介绍 ARM 处理器指令集特点、寻址方式、Cortex 指令集等内容。

第 4 章为 ARM 程序设计基础，介绍 ARM 程序设计的基本概念，如汇编语言的语句格式、ARM 汇编器支持的伪指令和汇编语言的程序结构等。

第 5 章为嵌入式 C 语言编程，介绍嵌入式 C 语言编程的规则、特点和常规用法，对 C 语言和汇编语言的混合编程等问题进行介绍。

第 6 章为 STM32F4 处理器的工作原理，介绍 STM32F4 的启动过程及时钟系统配置、中断向量控制与配置、输入/输出（I/O）配置，并给出 STM32F4 启动文件实例。

第 7 章为 STM32F4 处理器的编程开发环境，介绍 MDK5 的开发环境、开发套件的使用方法和 STM32F4 固件库。

第 8 章为 STM32F4 处理器的基础应用设计，对 STM32F4 实验教学平台做简单介绍，再依次讲述 7 个典型应用基础实例，并对各个实例的相关技术、软硬件设计方法进行说明。

第 9 章为 STM32F4 处理器的综合应用设计，介绍 TFT-LED 屏幕驱动与显示、触摸屏检测、通用串行通信、ADC 输入采集和 DAC 模拟输出 5 个综合应用设计实例。

本书的第 8 章和第 9 章着重于实践操作，引入了一系列嵌入式系统应用的常见案例，增强了本书的实用性和可操作性，为广大嵌入式开发人员及高等院校相关专业的学生、教师等提供了很有价值的参考。

本书为南通大学通科微电子学院教材专著出版资助项目，在本书的编写过程中，正点原子及 ALIENTEK 工作室在技术上给予了极大帮助；李丹、成中振、杨果、卜德飞、顾国良参与了本书的文字编写制作或应用实例设计，在此一并表示感谢。

由于时间仓促，加之编者水平有限，书中难免有不妥和疏漏之处，恳请广大读者批评指正。有兴趣的读者可以发送电子邮件到 yang.yj@ntu.edu.cn，与编者进一步交流。

编　者

2018 年 3 月

目　录

第 1 章　绪论 ………………………………………………………………………… (1)
　1.1　微处理器的定义 ……………………………………………………………… (1)
　1.2　ARM 的发展历程 …………………………………………………………… (2)
　1.3　ARM 微处理器的特点及应用 ………………………………………………… (3)
　　1.3.1　ARM 微处理器的特点 ………………………………………………… (3)
　　1.3.2　ARM 微处理器的应用 ………………………………………………… (4)
　1.4　ARM 微处理器系列 …………………………………………………………… (4)
　　1.4.1　ARM7 系列微处理器 …………………………………………………… (5)
　　1.4.2　ARM9 系列微处理器 …………………………………………………… (5)
　　1.4.3　ARM9E 系列微处理器 ………………………………………………… (6)
　　1.4.4　ARM10E 系列微处理器 ………………………………………………… (6)
　　1.4.5　SecurCore 系列微处理器 ……………………………………………… (7)
　　1.4.6　StrongARM 系列微处理器 …………………………………………… (7)
　　1.4.7　Xscale 处理器 …………………………………………………………… (7)
　　1.4.8　ARM11 系列微处理器 ………………………………………………… (7)
　　1.4.9　ARM Cortex 系列微处理器 …………………………………………… (8)
　1.5　ARM 微处理器的选型 ………………………………………………………… (9)
　　1.5.1　ARM 芯片选择的一般原则 …………………………………………… (9)
　　1.5.2　多芯核结构 ARM 芯片的选择 ………………………………………… (12)
　　1.5.3　ARM 芯片供应商 ……………………………………………………… (12)
　思考题 ………………………………………………………………………………… (12)
第 2 章　ARM Cortex-M4 核体系结构 …………………………………………… (13)
　2.1　ARM 体系结构 ………………………………………………………………… (13)
　　2.1.1　ARM 微处理器体系结构 ……………………………………………… (13)
　　2.1.2　内核流水线结构 ………………………………………………………… (14)

2.1.3 Cortex-M4 系统总线接口 (15)
2.2 ARM 微处理器的数据存储及工作状态 (15)
2.2.1 ARM 指令长度及数据类型 (15)
2.2.2 ARM 的存储器格式 (16)
2.2.3 传统 ARM 微处理器的工作状态 (16)
2.2.4 Cortex-M4 处理器的工作状态 (17)
2.3 ARM 通用寄存器组 (18)
2.3.1 通用寄存器 R0~R12 (19)
2.3.2 堆栈指针 R13 (19)
2.3.3 连接寄存器 R14 (19)
2.3.4 程序计数器 R15 (20)
2.4 Cortex-M4 特殊功能寄存器组 (20)
2.4.1 程序状态寄存器 (20)
2.4.2 中断屏蔽寄存器组 (21)
2.4.3 控制寄存器 (22)
2.5 Cortex-M4 浮点处理寄存器组 (23)
2.5.1 浮点状态控制寄存器 (24)
2.5.2 协处理器访问控制寄存器 (25)
2.6 Cortex-M4 存储器系统结构 (25)
2.6.1 Cortex-M4 微处理器存储器系统特征 (26)
2.6.2 存储器的映射 (26)
2.7 Cortex-M4 的异常和中断 (27)
2.7.1 异常与中断简介 (27)
2.7.2 Cortex-M4 处理器的异常类型 (28)
2.7.3 Cortex-M4 处理器的中断管理 (29)
2.7.4 Cortex-M4 处理器的异常流程 (30)
思考题 (31)

第3章 ARM 处理器指令集 (32)
3.1 ARM 指令简介 (32)
3.2 ARM 寻址方式 (33)
3.2.1 数据处理指令寻址方式 (33)
3.2.2 加载/存储类指令寻址方式 (34)
3.2.3 堆栈操作寻址方式 (35)
3.2.4 协处理操作指令寻址方式 (36)
3.3 Cortex 指令集 (36)

3.3.1 处理器传送指令 …………………………………………………………………（37）
　　3.3.2 存储器访问指令 …………………………………………………………………（38）
　　3.3.3 数据处理指令 ……………………………………………………………………（42）
　　3.3.4 比较与测试指令 …………………………………………………………………（45）
　　3.3.5 程序流程控制指令 ………………………………………………………………（46）
　　3.3.6 异常相关指令 ……………………………………………………………………（49）
　　3.3.7 饱和运算指令 ……………………………………………………………………（50）
　　3.3.8 存储器隔离指令 …………………………………………………………………（50）
　3.4 Cortex-M4 特有指令 ……………………………………………………………………（51）
　　3.4.1 SIMD 和饱和指令 ………………………………………………………………（51）
　　3.4.2 乘法和乘加指令 …………………………………………………………………（52）
　　3.4.3 打包和解包指令 …………………………………………………………………（56）
　思考题 ……………………………………………………………………………………………（57）

第 4 章 ARM 程序设计基础 …………………………………………………………………（58）

　4.1 ARM 汇编语言的语句格式 ……………………………………………………………（58）
　　4.1.1 汇编语言程序中的符号 …………………………………………………………（58）
　　4.1.2 汇编语言程序中的表达式和运算符 ……………………………………………（59）
　4.2 ARM 汇编器支持的伪指令 ……………………………………………………………（62）
　　4.2.1 数据定义伪指令 …………………………………………………………………（62）
　　4.2.2 符号定义伪指令 …………………………………………………………………（64）
　　4.2.3 汇编结构伪指令 …………………………………………………………………（66）
　　4.2.4 汇编控制伪指令 …………………………………………………………………（69）
　　4.2.5 其他常用伪指令 …………………………………………………………………（71）
　4.3 汇编语言的程序结构 ……………………………………………………………………（72）
　　4.3.1 程序结构 …………………………………………………………………………（72）
　　4.3.2 子程序调用 ………………………………………………………………………（72）
　思考题 ……………………………………………………………………………………………（73）

第 5 章 嵌入式 C 语言编程 …………………………………………………………………（74）

　5.1 嵌入式 C 语言概述 ………………………………………………………………………（74）
　5.2 AAPCS 规则 ……………………………………………………………………………（74）
　5.3 嵌入式 C 语言编写特点 …………………………………………………………………（76）
　　5.3.1 嵌入式 C 语言的数据存储方法 …………………………………………………（76）
　　5.3.2 嵌入式 C 语言的编写注意事项 …………………………………………………（77）
　5.4 C 语言与汇编语言混编规范 ……………………………………………………………（78）
　　5.4.1 在 C 语言中内嵌汇编指令 ………………………………………………………（79）

5.4.2　在汇编中使用C定义的全局变量 ………………………………（80）
　　　5.4.3　在C程序中调用汇编程序 …………………………………………（80）
　　　5.4.4　在汇编程序中调用C程序 …………………………………………（81）
　5.5　嵌入式C语言的常见用法 ……………………………………………………（81）
　思考题 ………………………………………………………………………………（85）

第6章　STM32F4处理器的工作原理 ……………………………………………（87）
　6.1　STM32F4处理器的启动过程 ………………………………………………（87）
　　　6.1.1　STM32F4处理器启动文件 …………………………………………（87）
　　　6.1.2　STM32F4处理器主文件 ……………………………………………（91）
　6.2　STM32F4处理器的关键技术 ………………………………………………（92）
　　　6.2.1　STM32F4处理器时钟系统 …………………………………………（92）
　　　6.2.2　STM32F4处理器I/O端口 …………………………………………（94）
　　　6.2.3　可编程中断控制与配置 ………………………………………………（99）
　思考题 ………………………………………………………………………………（102）

第7章　STM32F4处理器的编程开发环境 ………………………………………（104）
　7.1　STM32F4处理器编程环境 …………………………………………………（104）
　　　7.1.1　Keil MDK开发工具 …………………………………………………（104）
　　　7.1.2　STM32F4固件库 ……………………………………………………（105）
　7.2　MDK工程模板的建立 ………………………………………………………（106）
　7.3　程序下载与调试 ………………………………………………………………（110）
　　　7.3.1　J-LINK仿真器下载 …………………………………………………（111）
　　　7.3.2　使用J-LINK调试程序 ………………………………………………（113）
　思考题 ………………………………………………………………………………（114）

第8章　STM32F4处理器的基础应用设计 ………………………………………（115）
　8.1　STM32F4实验教学平台 ……………………………………………………（115）
　8.2　LED灯显示实例 ……………………………………………………………（117）
　　　8.2.1　相关技术简介 …………………………………………………………（118）
　　　8.2.2　系统硬件组成 …………………………………………………………（118）
　　　8.2.3　软件设计原理 …………………………………………………………（118）
　8.3　蜂鸣器发声实例 ………………………………………………………………（119）
　　　8.3.1　相关技术简介 …………………………………………………………（119）
　　　8.3.2　系统硬件组成 …………………………………………………………（120）
　　　8.3.3　软件设计原理 …………………………………………………………（120）
　8.4　数码管显示实例 ………………………………………………………………（120）
　　　8.4.1　相关技术简介 …………………………………………………………（120）

8.4.2 系统硬件组成……(121)
8.4.3 软件设计原理……(121)
8.5 按键检测实例……(122)
8.5.1 相关技术简介……(122)
8.5.2 系统硬件组成……(123)
8.5.3 软件设计原理……(124)
8.6 外部中断处理实例……(124)
8.6.1 处理器外部中断简介……(125)
8.6.2 外部中断的使用……(125)
8.6.3 系统硬件组成……(127)
8.6.4 软件设计原理……(127)
8.7 通用定时器实例……(128)
8.7.1 通用定时器简介……(128)
8.7.2 系统硬件组成……(128)
8.7.3 软件设计原理……(128)
8.8 RTC 时钟实例……(130)
8.8.1 RTC 时钟模块简介……(131)
8.8.2 系统硬件组成……(131)
8.8.3 软件设计原理……(131)
思考题……(134)

第9章 STM32F4 处理器的综合应用设计……(135)

9.1 TFT-LCD 屏幕驱动与显示应用……(135)
9.1.1 LCD 显示屏简介……(135)
9.1.2 LCD 显示屏的参数……(136)
9.1.3 LCD 显示屏的控制信号……(137)
9.1.4 TFT-LCD 屏的驱动设计……(137)
9.1.5 系统硬件组成……(138)
9.1.6 软件设计原理……(139)
9.2 触摸屏检测应用……(140)
9.2.1 触摸屏简介……(141)
9.2.2 触摸屏的检测原理……(141)
9.2.3 系统硬件组成……(143)
9.2.4 软件设计原理……(143)
9.3 通用串行通信应用……(144)
9.3.1 通用串行通信简介……(144)

  9.3.2　USART 通信相关固件库函数……………………………………………（144）
  9.3.3　系统硬件组成………………………………………………………………（147）
  9.3.4　软件设计原理………………………………………………………………（148）
 9.4　ADC 输入采集应用………………………………………………………………（149）
  9.4.1　ADC 模块简介………………………………………………………………（149）
  9.4.2　ADC 的转换方法……………………………………………………………（149）
  9.4.3　系统硬件组成………………………………………………………………（151）
  9.4.4　初始化配置过程……………………………………………………………（151）
  9.4.5　软件设计原理………………………………………………………………（153）
 9.5　DAC 模拟输出应用………………………………………………………………（154）
  9.5.1　DAC 模块简介………………………………………………………………（154）
  9.5.2　DAC 的转换方法……………………………………………………………（155）
  9.5.3　系统硬件组成………………………………………………………………（155）
  9.5.4　初始化配置过程……………………………………………………………（156）
  9.5.5　软件设计原理………………………………………………………………（157）
 思考题…………………………………………………………………………………（157）
参考文献……………………………………………………………………………………（158）

第 1 章

绪　论

本章主要介绍 ARM 微处理器的基本概念、发展历程、结构与特点及相关应用，让读者了解 ARM 相关技术，引导读者进入 ARM 的工作殿堂。

本章主要内容如下：

（1）微处理器的定义；
（2）ARM 的发展历程；
（3）ARM 微处理器的特点及实际应用；
（4）ARM 微处理器系列；
（5）ARM 微处理器的选型。

1.1　微处理器的定义

微处理器（Micro Processor，MP）是用一片或少数几片大规模集成电路组成的中央处理器，具备执行控制部件和算术逻辑部件的功能。微处理器与传统中央处理器相比，具有体积小、质量小和容易模块化等优点。微处理器的基本组成部分有寄存器堆、运算器、时序控制电路，以及数据和地址总线。微处理器能完成取指令、执行指令，以及与外界存储器和逻辑部件交换信息等操作，是微型计算机的运算控制部分。它可与存储器和外围电路芯片组成微型计算机。

微处理器是可编程化的特殊集成电路，是一种将所有组件小型化至一块或数块集成电路的处理器，是一种可在其一端或多端接收编码指令，执行此指令并输出描述其状态的信号的集成电路；微处理器也称为半导体中央处理器（Central Processing Unit，CPU），是微型计算机的一个主要部件。微处理器的组件常安装在一个单片上或在同一组件内，但有时分布在一些不同芯片上。

现在微处理器已经无处不在，无论是摄像机、智能洗衣机、移动电话等家电产品，还是汽车引擎控制，以及数控机床、导弹精确制导等都要嵌入各类不同的微处理器。微处理器不仅是微型计算机的核心部件，还是各种数字化智能设备的关键部件。国际上的超高速巨型计算机、大型计算机等高端计算系统也都采用大量的通用高性能微处理器建造。

1.2 ARM 的发展历程

ARM（Advanced RISC Machines）公司于 1990 年成立于英国剑桥，最初的名称是 Advanced RISC Machines Limited，是由苹果公司、Acorn 计算机公司、VLSI 技术公司三家公司合资成立的。1991 年，ARM 公司推出了 ARM6 处理器家族，VLSI 技术公司则是第一个制造 ARM 芯片的公司。ARM 公司设计了先进的数字产品核心应用技术，应用领域涉及无线、网络、消费娱乐、影像、汽车电子、安全应用及存储装置。ARM 技术提供广泛的产品，包括 16 位/32 位精简指令集计算机（Reduced Instruction Set Computer，RISC）微处理器、数据引擎、三维图形处理器、数字单元库、嵌入式存储器、外部设备（简称外设）、软件、开发工具及模拟和高速连接产品。ARM 技术正在逐步渗透到人们生活的各个方面。

自 2010 年起，ARM 芯片的出货量每年都比上一年多 20 亿片以上，基于 ARM 技术的微处理器应用已占据了 32 位 RISC 微处理器 75%以上的市场份额。ARM 公司不同于其他半导体公司，它从不制造和销售具体的处理器芯片，而是把处理器的设计授权给相关商务合作伙伴，让他们根据自己的优势设计具体的芯片，得到授权的厂商生产了多种多样的处理器、单片机及片上系统（System on Chip，SoC）。这种商业模式就是所谓的知识产权授权。除了设计处理器，ARM 公司也设计系统级网络协议（Internet Protocd，IP）和软件 IP，还开发了许多配套的基础开发工具、硬件及软件产品。

随着新的处理器内核和系统功能块的开发，ARM 的功能不断增加，处理水平持续提高，造就了一系列的 ARM 架构芯片。例如，ARM7TDMI 是基于 ARMv4T 架构的（T 表示支持 Thumb 指令）；ARMv5TE 架构是伴随着 ARM9E 处理器家族的发展产生的。ARM9E 处理器家族成员包括 ARM926E-S 和 ARM946E-S。ARMv5TE 架构添加了服务于多媒体应用增强的数字信号处理（Digtal Signal Processing，DSP）指令。其后的 ARM11 是基于 ARMv6 架构建成的。基于 ARMv6 架构的处理器包括 ARM1136J(F)-S、ARM1156T2(F)-S 和 ARM1176JZ(F)-S。ARMv6 是 ARM 发展史上的一个重要里程碑：许多突破性的新技术被引进，存储器系统加入了很多崭新的特性，单指令流多数据流（Single Instruction Multiple Data，SIMD）指令也是从 ARMv6 开始引入的。ARMv6 的新技术是经过优化的 Thumb-2 指令集，它专为低成本的单片机及汽车组件市场设计。另外，ARMv6 能够灵活地配置和剪裁。

基于从 ARMv6 开始的新设计理念，ARM 进一步扩展了芯片设计，产生了 ARMv7 架构。在这个版本中，内核架构首次从单一款式变成三种款式。

ARM 处理器的命名与架构见表 1-1。

表 1-1 ARM 处理器的命名与架构

处理器名称	架构版本号	存储器管理特性	其他特性
ARM7TDMI	v4T		
ARM7TDMI-S	v4T		
ARM7EJ-S	v5E		DSP、Jazelle
ARM920T	v4T	MMU	

续表

处理器名称	架构版本号	存储器管理特性	其他特性
ARM922T	v4T	MMU	
ARM926EJ-S	v5E	MMU	DSP、Jazelle
ARM946E-S	v5E	MPU	DSP
ARM966E-S	v5E		DSP
ARM968E-S	v5E		DMA、DSP
ARM966HS	v5E	MPU（可选）	DSP
ARM1020E	v5E	MMU	DSP
ARM1022E	v5E	MMU	DSP
ARM1026EJ-S	v5E	MMU 或 MPU	DSP、Jazelle
ARM1136J(F)-S	v6	MMU	DSP、Jazelle
ARM1176JZ(F)-S	v6	MMU+TrustZone	DSP、Jazelle
ARM11 MPCore	v6	MMU+多处理器存支持	DSP
ARM1156T2(F)-S	v6	MPU	DSP
Cortex-M3	v7-M	MPU（可选）	NVIC
Cortex-M4	v7-M	MPU（可选）	DSP、SIMD
Cortex-R4	v7-R	MPU	DSP
Cortex-R4F	v.7-R	MPU	DSP+浮点运算
Cortex-A8	v7-A	MMU+TrustZone	DSP、Jazelle

注：MMU—Memory Management Unit，内存管理单元；MPU—Memory Protection Unit，存储器保护单元；DMA—Direct Memory Access，直接内存存取；NVIC—Nested Vectored Interrupt Controuer，嵌套向量中断控制器。

1.3 ARM 微处理器的特点及应用

1.3.1 ARM 微处理器的特点

ARM 微处理器一般具有如下特点：

（1）采用定点 RISC 处理器，性能高、体积小、能耗小、成本低。

（2）支持 Thumb（16 位）/ARM（32 位）双指令集，能很好地兼容 8 位/16 位器件，增强乘法器设计，支持实时（Real Time）调试。

（3）支持片内指令和数据静态随机存取存储器（Static Random Access Memory，SRAM），而且指令和数据的存储器容量可调，指令执行速度更快。

（4）片内指令和数据高速缓冲器（Cache）容量增大，大多数数据操作在寄存器中完成。

（5）寻址方式灵活简单，执行效率高，可设置保护单元（Protection Unit），非常适合嵌入式应用中对存储器进行分段和保护。

（6）采用标准总线接口，为外设提供统一的地址和数据总线。

（7）支持标准基本逻辑单元扫描测试方法学，而且支持自我测试（Built In Self Test，BIST）。

（8）支持嵌入式跟踪宏单元，支持实时跟踪指令和数据。

1.3.2 ARM 微处理器的应用

到目前为止，ARM 微处理器及技术的应用已经深入各个领域。

（1）工业控制领域：作为 32 位的 RISC 架构，基于 ARM 核的微控制器芯片不但占据了高端微控制器市场的大部分市场份额，而且逐渐向低端微控制器应用领域扩展。ARM 微控制器的低功耗、高性价比，向传统 8 位/16 位微控制器提出了挑战。

（2）无线通信领域：已有超过 85%的无线通信设备采用 ARM 技术，ARM 以其高性能和低成本的优势，在该领域的地位日益巩固。

（3）网络应用：随着宽带技术的推广，采用 ARM 技术的 ADSL 芯片逐步获得竞争优势。此外，ARM 在语音及视频处理上进行了优化，并获得了广泛支持，也对 DSP 的应用领域提出了挑战。

（4）消费类电子产品：ARM 技术在目前流行的数字音频播放器、数字机顶盒和游戏机中得到广泛应用。

（5）成像和安全产品：现在流行的数码照相机和打印机中绝大部分采用 ARM 技术。手机中的 32 位客户识别模块（Subscriber Identity Module，SIM）智能卡也采用了 ARM 技术。

下列产品均被授权采用 ARM 技术。

（1）手持计算：内置光学字符识别（Optical Character Recongnition，OCR）和红外线通信功能的个人数字助理（PDA）笔、Psion Series 5 手持式个人计算机（Personal Computer，PC）、HP CapShare 910 信息机等。

（2）便携技术：Hagenuk 数字电话、松下 G450 GSM 移动电话。

（3）网络计算机和 Web TVCorel 计算机公司的 Linux NetWinder 平台。

（4）连网产品：Ericsson Mobile Office DC 23（v4）用于连手机的 PC 卡接口。

（5）消费类多媒体：RCA Thomson DSS 电视机顶置盒。

（6）嵌入产品：Gemplus 智能卡。

除此以外，ARM 微处理器及技术还应用到许多不同的领域，并会在将来取得更加广泛的应用。

1.4 ARM 微处理器系列

ARM 微处理器包括 ARM7 系列、ARM9 系列、ARM9E 系列、ARM10E 系列、SecurCore 系列、Intel 的 StrongARM 和 Intel 的 Xscale，这些产品除了具有 ARM 体系结构的共同特点以外，每一个系列的 ARM 微处理器都有各自的特点和应用领域。

其中，ARM7、ARM9、ARM9E 和 ARM10 为 4 个通用处理器系列，每一个系列提供一套相对独特的性能来满足不同应用领域的需求。SecurCore 系列专门为安全要求较高的应用而设计。以下详细介绍各种处理器的特点及应用领域。

1.4.1 ARM7 系列微处理器

ARM7 系列微处理器为低功耗的 32 位 RISC 处理器,小型、快速、低能耗、集成式 RISC 内核,用于移动通信。ARM7TDMI(Thumb)是 ARM 公司授权用户较多的一项产品,它将 ARM7 指令集同 Thumb 扩展组合在一起,以减少内存容量和系统成本。同时,它还利用嵌入式 ICE(In Circuit Emulator)调试技术来简化系统设计,并用一个 DSP 增强扩展,以改进性能。该产品的典型用途是数字蜂窝电话和硬盘驱动器。ARM7 微处理器系列具有如下特点:

(1)具有嵌入式 ICE-RT(In Circuit Emulator-Real Time)逻辑,调试开发方便。
(2)极低的功耗,适合对功耗要求较高的应用,如便携式产品。
(3)能够提供 0.9MIPS(Million Instructions Per Second,百万指令每秒)的三级流水线结构。
(4)代码密度高并兼容 16 位 Thumb 指令集。
(5)对操作系统(Operating System)的支持广泛,包括 Windows CE、Linux、Palm OS 等。
(6)指令系统与 ARM9 系列、ARM9E 系列和 ARM10E 系列兼容,便于用户的产品升级换代。
(7)主频最高可达 130MIPS,高速的运算处理能力能满足绝大多数复杂应用的要求。

ARM7 系列微处理器的主要应用领域为工业控制、Internet 设备、网络和调制解调器设备、移动电话等多种多媒体和嵌入式应用。

ARM7 系列微处理器包括如下几种类型的核:ARM7TDMI、ARM7TDMI-S、ARM720T、ARM7EJ。其中,ARM7TMDI 属于低端 ARM 处理器核。TDMI 的基本含义如下:

T:支持 16 位压缩指令集 Thumb。
D:支持片上 Debug。
M:内嵌硬件乘法器(Multiplier)。
I:嵌入式 ICE,支持片上断点和调试点。

1.4.2 ARM9 系列微处理器

ARM9 系列微处理器采用 5 阶段管道化 ARM9 内核,同时配备 Thumb 扩展、调试和哈佛(Harvard)总线。在生产工艺相同的情况下,性能比 ARM7TDMI 优越。ARM9 系列微处理器在高性能和低功耗特性方面提供最佳的性能。其具有以下特点:

(1)5 级整数流水线,指令执行效率更高。
(2)提供 1.1MIPS/MHz 的哈佛结构。
(3)支持 32 位 ARM 指令集和 16 位 Thumb 指令集。
(4)支持 32 位的高速高级微处理器总线体系结构(Advanced Microcontroller Bus Architecture,AMBA)总线接口。
(5)全性能的 MMU,支持 Windows CE、Linux、Palm OS 等多种主流嵌入式操作系统。
(6)MPU 支持实时操作系统。

（7）支持数据 Cache 和指令 Cache，具有更高的指令和数据处理能力。

ARM9 系列微处理器主要应用于无线设备、仪器仪表、安全系统、机顶盒、高端打印机、数码照相机和数码摄像机等。

ARM9 系列微处理器包含 ARM920T、ARM922T 和 ARM940T 共 3 种类型，以适用于不同的应用场合。

1.4.3 ARM9E 系列微处理器

ARM9E 系列微处理器为可综合处理器，使用单一的处理器内核提供了微控制器、DSP、Java 应用系统的解决方案，极大地减少了芯片的面积和系统的复杂程度。ARM9E 系列微处理器提供了增强的 DSP 处理能力，很适合于需要同时使用 DSP 和微控制器的应用场合。ARM9E 系列微处理器的主要特点如下：

（1）支持 DSP 指令集，适合于需要高速数字信号处理的场合。
（2）5 级整数流水线，指令执行效率更高。
（3）支持 32 位 ARM 指令集和 16 位 Thumb 指令集。
（4）支持 32 位的高速 AMBA 总线接口。
（5）支持 VFP9 浮点处理协处理器。
（6）全性能的 MMU，支持 Windows CE、Linux、Palm OS 等多种主流嵌入式操作系统。
（7）MPU 支持实时操作系统。
（8）支持数据 Cache 和指令 Cache，具有更高的指令和数据处理能力。
（9）主频最高可达 300MIPS。

ARM9E 系列微处理器主要应用于下一代无线设备、数字消费品、成像设备、工业控制、存储设备和网络设备等领域。

ARM9E 系列微处理器包含 ARM926EJ-S、ARM946E-S 和 ARM966E-S 共 3 种类型，以适用于不同的应用场合。

1.4.4 ARM10E 系列微处理器

ARM10E 系列微处理器具有高性能、低功耗的特点。由于 ARM10E 系列微处理器采用了新的体系结构，因此与同等的 ARM9 器件相比较，在同样的时钟频率下，它的性能提高了近 50%。同时，ARM10E 系列微处理器采用了两种先进的节能方式，使其功耗极低。ARM10E 系列微处理器的主要特点如下：

（1）支持 DSP 指令集，适合于需要高速数字信号处理的场合。
（2）6 级整数流水线，指令执行效率更高。
（3）支持 32 位 ARM 指令集和 16 位 Thumb 指令集。
（4）支持 32 位的高速 AMBA 总线接口。
（5）支持 VFP10 浮点处理协处理器。
（6）全性能的 MMU，支持 Windows CE、Linux、Palm OS 等多种主流嵌入式操作系统。
（7）支持数据 Cache 和指令 Cache，具有更高的指令和数据处理能力。
（8）主频最高可达 400MIPS。
（9）内嵌并行读/写操作部件。

ARM10E 系列微处理器主要应用于下一代无线设备、数字消费品、成像设备、工业控制、通信和信息系统等领域。

ARM10E 系列微处理器包含 ARM1020E、ARM1022E 和 ARM1026EJ-S 共 3 种类型，以适用于不同的应用场合。

1.4.5　SecurCore 系列微处理器

SecurCore 系列微处理器专为安全需求而设计，提供了完善的基于 32 位 RISC 技术的安全解决方案。因此，SecurCore 系列微处理器除了具有 ARM 体系结构低功耗、高性能的特点外，还具有其独特的优势，即提供了对安全解决方案的支持。

SecurCore 系列微处理器除了具有 ARM 体系结构各种主要特点外，还在系统安全方面具有如下特点：

（1）带有灵活的保护单元，以确保操作系统和应用数据的安全。
（2）采用软内核技术，防止外部对其进行扫描探测。
（3）可集成用户自己的安全特性和其他协处理器。

SecurCore 系列微处理器主要应用于一些对安全性要求较高的应用产品及应用系统，如电子商务、电子政务、电子银行业务、网络和认证系统等领域。

SecurCore 系列微处理器包含 SecurCore SC100、SecurCore SC110、SecurCore SC200 和 SecurCore SC210 共 4 种类型，以适用于不同的应用场合。

1.4.6　StrongARM 系列微处理器

Intel StrongARM SA-1100 处理器是采用 ARM 体系结构高度集成的 32 位 RISC 微处理器。它融合了 Intel 公司的设计和处理技术，以及 ARM 体系结构的电源效率，在软件上兼容 ARMv4 体系结构，并采用具有 Intel 技术优点的体系结构。

Intel StrongARM 处理器是便携式通信产品和消费类电子产品的理想选择，已成功应用于多家公司的掌上计算机系列产品。

1.4.7　Xscale 处理器

Xscale 处理器基于 ARMv5TE 体系结构的解决方案，是一款全性能、高性价比、低功耗的处理器。它支持 16 位的 Thumb 指令和 DSP 指令集，已应用于数字移动电话、个人数字助理和网络产品等。

Xscale 处理器是 Intel 主要推广的一款 ARM 微处理器。

1.4.8　ARM11 系列微处理器

ARM11 系列微处理器是 ARM 公司推出的新一代 RISC 处理器，是 ARM 指令架构 ARMv6 的第一代设计实现。该系列主要有 36J、ARM1156T2 和 ARM1176JZ 共 3 个内核型号。

ARM 处理器架构 ARMv6 发布于 2001 年 10 月，它建立于 ARM 许多成功结构体系的基础之上。同处理器的授权相似，ARM 也向客户授权它的结构体系。

ARM11 系列微处理器在性能上有巨大提升，推出 350MHz～500MHz 时钟频率的内核。通过动态调整时钟频率和供应电压，开发者完全可以控制这两者的平衡。在 0.13μm 工艺，

1.2V 供应电压条件下，ARM11 处理器的功耗可以低至 0.4mW/MHz。

ARM11 处理器同时提供了可综合版本和半定制硬核两种实现方式。可综合版本可以让客户根据自己的半导体工艺开发出各有特色的处理器内核，并保持足够的灵活性。ARM 的半定制硬核实现则是为了满足有极高性能和速度要求的应用，为客户节省实现的成本和时间。为了让客户更方便地完成实现流程，ARM11 处理器采用了易于综合的流水线结构，并和常用的综合工具及 RAM Compiler 良好结合，确保客户可以成功并迅速地达到时序收敛。ARM11 处理器在不包含 Cache 的情况下面积小于 $2.7mm^2$，对于复杂的 SoC 设计来说，如此小的尺寸对降低芯片成本有重要的作用。ARM11 处理器在很多方面为软件开发者提供了便利，一方面，它包含更多的多媒体处理指令来加速视频和音频处理；另一方面，它的新型存储器系统进一步提高了操作系统的性能；此外，ARM11 处理器还提供了新指令来加速实时性能和中断的响应。

很多应用要求多处理器的配置（多个 ARM 内核，或 ARM+DSP 的组合），ARM11 处理器从设计伊始就注重与其他处理器共享数据，以及从非 ARM 的处理器上移植软件。此外，ARM 公司还开发了基于 ARM11 系列的多处理器系统——MPCORE（由 2～4 个 ARM11 内核组成）。

总的来说，ARMv6 架构通过以下几点来增强处理器的性能：

（1）多媒体处理扩展。

（2）使 MPEG4 编码/解码加快一倍。

（3）音频处理加快一倍。

（4）增强的 Cache 结构。

（5）实地址 Cache。

（6）减少 Cache 的刷新和重载。

（7）减少上下文切换的开销。

（8）增强的异常和中断处理。

（9）使实时任务的处理更加迅速，支持 Unaligned 和 Mixed-endian 数据访问。

（10）使数据共享、软件移植更简单，也有利于节省存储器空间。

1.4.9 ARM Cortex 系列微处理器

ARM 公司在经典处理器 ARM11 以后的产品改用 Cortex 命名，并分成 A、R 和 M 三类，旨在为各种不同的市场提供服务。

Cortex 系列属于 ARMv7 架构。ARMv7 架构定义了三大分工明确的系列，其中，A 系列面向尖端的基于虚拟内存的操作系统和用户应用，R 系列面向实时系统，M 系列面向微控制器。由于应用领域不同，基于 ARMv7 架构的 Cortex 处理器系列所采用的技术也不相同，基于 ARMv7A 的处理器称为 Cortex-A 系列，基于 ARMv7R 的处理器称为 Cortex-R 系列，基于 ARMv7M 的处理器称为 Cortex-M 系列。

（1）A 系列：设计用于高性能的开放应用平台，十分接近计算机，即需要运行复杂应用程序的应用处理器。支持大型嵌入式操作，如 Linux、微软的 Windows CE 和智能手机操作系统 Windows Mobile。这些应用不仅需要强大的处理性能，还需要硬件 MMU 实现完善的虚拟内存机制，且基本上会配有 Java 支持，有时还要求一个安全程序执行环境。典型的产品包括高端手机和手持仪器、电子钱包及金融事务处理机。

（2）R 系列：用于高端的嵌入式系统，尤其是一些带有硬实时且高性能的处理器。其目标是高端实时市场，如高档轿车的组件、大型发电机控制器、机器手臂控制器等，它们使用的处理器不但要强大，而且要极其可靠，对事件的反应也要极其迅速。

（3）M 系列：用于深度嵌入的单片机风格系统中。在这些应用中，尤其是对于实时控制系统，低成本、低功耗、高速中断反应及高处理效率，都是至关重要的。

1.5　ARM 微处理器的选型

鉴于 ARM 微处理器的众多优点，随着国内外嵌入式应用领域的逐步发展，ARM 微处理器必然会获得广泛的重视和应用。但是，由于 ARM 微处理器有多达十几种的内核结构，几十个芯片生产厂家，以及千变万化的内部功能配置组合，给开发人员在选择方案时带来一定的困难，因此对 ARM 芯片做一些对比研究是十分必要的。

以下从应用的角度出发，对在选择 ARM 微处理器时应考虑的主要问题做简要的探讨。

1.5.1　ARM 芯片选择的一般原则

下面从应用的角度，对在选择 ARM 芯片时应考虑的主要因素做详细说明。

1. ARM 芯核

如果希望使用 WindowsCE 或 Linux 等操作系统以减少软件开发时间，就需要选择 ARM720T 以上带有 MMU 功能的 ARM 芯片，如 ARM720T、StrongARM、ARM920T、ARM922T、ARM946T 都带有 MMU 功能。ARM7TDMI 没有 MMU，不支持 Windows CE 和大部分的 Linux，但有 μCLinux 等少数几种 Linux 不需要 MMU 的支持。

2. 系统时钟控制器

系统时钟决定了 ARM 芯片的处理速度。ARM7 的处理速度为 0.9MIPS/MHz，常见的 ARM7 芯片系统主时钟为 20MHz～133MHz，ARM9 的处理速度为 1.1MIPS/MHz，常见的 ARM9 的系统主时钟为 100MHz～233MHz，ARM10 最高可以达到 700 MHz。不同芯片对时钟的处理不同，有的芯片只有一个主时钟频率，这样的芯片可能无法兼顾通用异步收发传输器（Universal Asynchronous Receiver Transmitter，UART）和音频时钟准确性，如 Cirrus Logic 的 EP7312 等；有的芯片内部时钟控制器可以分别为 CPU 核和通用串行总线（Universal Serial Bus，USB）、UART、DSP、音频等功能部件提供同频率的时钟，如 PHILIPS 公司 SAA7750 等芯片。

3. 内存容量

在不需要大容量存储器时，可以考虑选用有内置存储器的 ARM 芯片。

4. USB 接口

许多 ARM 芯片内置有 USB 控制器，有些芯片甚至同时有 USB Host 和 USB Slave 控制器。

5. GPIO 口数量

在某些芯片供应商提供的说明书中，往往声明的是最大可能的通用输入输出（General Purpose Input Output，GPIO）口数量，但是有许多引脚是和地址线、数据线、串口线等引脚复用的。这样，在系统设计时需要计算实际可以使用的 GPIO 口数量。

6. 中断控制器

ARM 内核只提供快速中断（Fast Interrupt Request，FIQ）和标准中断（Interrupt Request，IRQ）两个中断向量。但是，各个半导体厂家在设计芯片时加入了自己的中断控制器，以便支持如串行口、外部中断、时钟中断等硬件中断。外部中断控制是选择芯片必须考虑的重要因素，合理的外部中断设计可以在很大程度上减少任务调度工作量。例如，PHILIPS 公司的 SAA7750，所有 GPIO 都可以设置成 FIQ 或 IRQ，并且可以选择升沿、下降沿、高电平、低电平 4 种中断方式。这使红外线遥控接收、指轮盘和键盘等任务都可以作为背景程序运行。而 Cirrus Logic 公司的 EP7312 芯片，只有 4 个外部中断源，并且每个中断源都只能是低电平或高电平中断，这样，在用于接收红外线信号的场合，必须采用查询方式，浪费大量 CPU 时间。

7. IIS

IIS（Integrate Interface of Sound）即集成音频接口，也可写作 I^2S。如果设计者开发音频应用产品，I^2S 总线接口是必需的。

8. nWAIT 信号

nWAIT 信号为外部总线速度控制信号。不是每个 ARM 芯片都提供这个信号引脚，利用这个信号与廉价的 GAL 芯片就可以实现与符合个人计算机存储卡国际协会（Personal Computer Memory Card International Association，PCMCIA）标准的无线局域网（Wireless Local Area Networks，WLAN）卡和蓝牙（Bluetooth）卡的接口，而不需要外加高成本的 PCMCIA 专用控制芯片。另外，当需要扩展外部 DSP 协处理器时，此信号是必需的。

9. RTC

很多 ARM 芯片都提供实时时钟（Real Time Clock，RTC）功能，但方式不同。例如，Cirrus Logic 公司 EP7312 的 RTC 只是一个 32 位计数器，需要通过软件计算出年月日时分秒；而 SAA7750 和 S3C2410 等芯片的 RTC 直接提供年月日时分秒格式。

10. LCD 控制器

有些 ARM 芯片内置液晶显示器（Liquid Crystal Display，LCD）控制器，有的甚至内置 64KB 彩色 TFT-LCD 控制器。在设计 PDA 和手持式显示记录设备时，选用内置 LCD 控制器的 ARM 芯片，如 S1C2410 较为适宜。

11. PWM 输出

有些 ARM 芯片有 2～8 路脉冲宽度调制（Pulse Width Modulation，PWM）输出，可以用于电机控制或语音输出等场合。

12. ADC 和 DAC

有些 ARM 芯片内置 2～8 通道 8～12 位通用模-数转换器（Analog-to-Digital Converter，ADC），可以用于电池检测、触摸屏和温度监测等。PHILIPS 的 SAA7750 更是内置了一个 16 位立体声音频 ADC 和数-模转换器（Digital-to-Analog Converter，DAC），并且带耳机驱动。

13. 扩展总线

绝大部分 ARM 芯片具有外部同步动态随机存取存储器（Synchronous Dynamic Random Access Memory，SDRAM）和 SRAM 扩展接口，不同的 ARM 芯片可以扩展的芯片数量，即片选线数量不同，外部数据总线有 8 位、16 位或 32 位。某些特殊应用 ARM 芯片没有外部扩展功能，如德国 Micronas 公司的 PUC3030A。

14. UART 和 IrDA

绝大部分 ARM 芯片具有 1～2 个 UART 接口，可以用于和 PC 通信或用 Angel 进行调试。一般 ARM 芯片通信比特率为 115～200bit/s，少数专为蓝牙技术应用设计的 ARM 芯片的 UART 通信比特率可以达到 920Kbit/s，如 Linkup 公司的 L7205。

15. DSP 协处理器

具有 DSP+ARM 结构的 ARM 芯片对图像、视频、多媒体等数据具有很好的处理效果。

16. 内置 FPGA

具有内置现场可编程门阵列（Field Programmable Gate Array，FPGA）的 ARM 芯片能更好地适合于通信等领域。

17. 时钟计数器和"看门狗"计数器

一般 ARM 芯片具有 2～4 个 16 位或 32 位时钟计数器和一个"看门狗"计数器。

18. 电源管理功能

ARM 芯片的耗电量与工作频率成正比，一般 ARM 芯片有低功耗模式、睡眠模式和关闭模式。

19. DMA 控制器

有些 ARM 芯片内部集成有 DMA，可以和硬盘等外设高速交换数据，减少数据交换时对 CPU 资源的占用。

另外，ARM 芯片可以选择的内部功能部件有 HDLC、SDLC、CD-ROM Decoder、Ethernet MAC、VGA Controller、DC-DC，可以选择的内置接口有 I^2C、SPDIF、CAN、SPI、PCI、PCMCIA。

1.5.2　多芯核结构 ARM 芯片的选择

为了增强多任务处理能力、数学运算能力、多媒体及网络处理能力，某些供应商提供的 ARM 芯片内置多个芯核，常见的有 ARM+DSP、ARM+FPGA、ARM+ARM 等结构。

1. 多 ARM 芯核

为了增强多任务处理能力和多媒体处理能力，某些 ARM 芯片内置多个 ARM 芯核。

2. ARM 芯核+DSP 芯核

为了增强数学运算功能和多媒体处理功能，许多供应商在其 ARM 芯片内增加了 DSP 协处理器。

3. ARM 芯核+FPGA

为了提高系统硬件的在线升级能力，某些公司在 ARM 芯片内部集成了 FPGA。

1.5.3　ARM 芯片供应商

目前，可以提供 ARM 芯片的半导体公司主要有德州仪器、三星半导体、摩托罗拉、PHILIPS、ST 公司、亿恒半导体、科胜讯、ADI 公司、安捷伦、高通公司、Atmel、Intel、Alcatel、Cirrus Logic、Linkup、LSI 公司、Micronas、Silicon Wave、Virata、NetSilicon 等。

思　考　题

1. 简述周围哪些产品使用了哪个厂家及型号的嵌入式微处理器。请列举 3 种。
2. 简述 ARM 处理器的应用领域和特点。
3. ARM 有哪些系列？简述各个系列的特点。
4. 比较 RISC 架构和 CISC 架构的处理器，列出各自的优缺点。
5. 在实际应用中，如何选择 ARM 微处理器的系列与类型？

第 2 章

ARM Cortex–M4 核体系结构

本章介绍了 ARM Cortex-M4 核体系结构，详细叙述其工作原理、寄存器组织、存储系统结构、异常与中断等。

本章主要内容如下：
（1）ARM 体系结构；
（2）ARM 微处理器的工作原理；
（3）ARM 通用寄存器组；
（4）Cortex-M4 特殊功能寄存器组；
（5）Cortex-M4 浮点处理寄存器组；
（6）Cortex-M4 存储器系统结构；
（7）Cortex-M4 的异常与中断。

2.1 ARM 体系结构

2.1.1 ARM 微处理器体系结构

ARM 微处理器核有一些基本的体系结构要求，不同厂商在这些要求之上又会增加各自的特点，形成各厂家的 ARM 系列。例如，ST 公司的 Cortex-M4 的芯片系列称为 STM32 系列，飞思卡尔公司的 Cortex M0+芯片称为 Kinntis 系列等。

微处理器通常由内核、存储器、总线、I/O 构成，如图 2-1 所示。微处理器的主要体系结构是冯·诺依曼结构和哈佛结构。前者是单一的存储空间，程序和数据都放在这一空间，提取指令和数据通过单一总线进行，不能同时对程序和数据进行存取；后者则分开存放指令程序和数据，取指令和取数据有单独的总线和执行部件。ARM 微处理器采用的是哈佛结构。

Cortex-M4 处理器包含处理器核、NVIC、SysTick 定时器、浮点单元（Float Point Unit，FPU）和跟踪接口。此外，Cortex-M4 微处理器还有一些内部总线系统、一个可选的 MPU 和一套支持软件调试操作的组件。内部互连的总线通过处理器和调试器传输到设计的各个部分。Cortex-M4 处理器的结构框图如图 2-2 所示。

Cortex-M4 处理器是高度可配置的。例如，调试功能是可选的，它允许系统芯片的设计人员删除调试产品中不需要调试支持的组件。在某些情况下，设计者也可以选择减少硬件指令断点和数据观察点比较器的数量来减少门数。许多系统的功能，如中断输入个数、中断优先级支持的数量和 MPU 也是可配置的。芯片供应商可以利用 ARM 的集成度来定制调试支持（如调试接口）和支持设备特殊的低功耗性能（如添加自定义的唤醒中断控制器）。

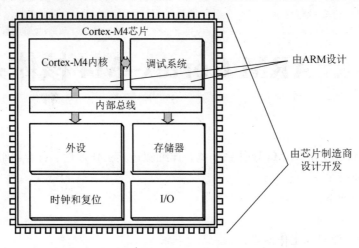

图 2-1 微处理器的组成

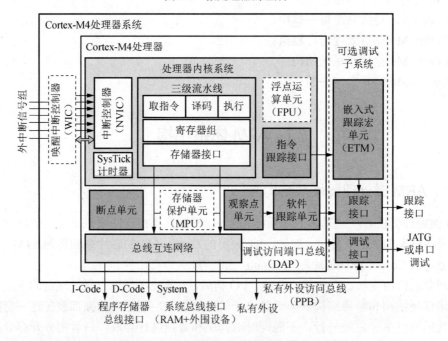

图 2-2 Cortex-M4 处理器的结构框图

2.1.2 内核流水线结构

Cortex-M4 处理器核除了包含寄存器组和存储器接口外，还包含由取指、译码和执行 3 个部件组成的三级流水线架构。因此，处理器在执行每条指令都有取指、解码和执行 3 个阶段。

（1）取指（Fetch）：用来计算下一个预取指令的地址，从指令空间中取出指令，或自动加载中断向量。

(2)译码(Decode):用来从指令缓冲中取出指令并解码。
(3)执行(Execute):用来解码指令执行相应操作。

三级流水线结构使微处理器在遇到包括乘法在内的多数指令时,可以在单周期内执行,效率更高,指令执行周期更短。同时,流水线结构的总线接口也使存储系统可以运行更高的频率。

2.1.3 Cortex-M4 系统总线接口

Cortex-M4 处理器采用哈佛结构,为系统提供了 3 套总线,这 3 套总线可以同时独立地发起总线传输读写操作。

(1)I-Code 总线:用于访问代码空间的指令。
(2)D-Code 总线:用于访问代码空间的数据。
(3)系统总线:用于访问其他系统空间。

I-Code 总线是一条基于 AMBA 高性能总线协议(AHB-Lite)的 32 位总线,是取指令的专用通道,只能发起读操作(写操作被禁止),可提升系统取指令的性能。I-Code 总线每次取一个字(32 位),可能是一个或两个 16 位指令,也可能是一个完整的或部分的 32 位指令。内核中包含的 3 个字的预取指缓存可以用来缓存从 I-Code 总线上取得的指令或拼接 32 位指令。

D-Code 总线也是一条基于 AHB-Lite 总线协议的 32 位总线,是取数据的专用通道。该总线既可以用于内核数据访问,也可以用于调试数据访问。任何在内核空间读写数据的操作都在这个总线上发起,且内核相比调试模块有更高的访问优先级。数据访问可以单个读取,也可以顺序读取。非对齐访问会被 D-Code 总线分割为几个对齐的访问。

系统总线也是一条基于 AHB-Lite 总线协议的 32 位总线,它是内存访问指令、数据,以及调试模块的访问接口。访问的优先级为数据最高,其次为指令和中断向量,调试接口访问优先级最低。访问位段(Bit-Band)的映射区会自动转换成对应的位访问。同 D-Code 总线一样,所有的非对齐访问会被系统总线分割为几个对齐的访问。

私有外设总线(Private Periphery Bus,PPB)是基于高级外设总线协议(Advanced Peripheral Bus,APB)的 32 位总线,挂接了系统内部的调试模块跟踪点接口单元(Trace Point Interface Unit,TPIU)、嵌入式跟踪宏单元(Embedded Trace Macrocell,ETM)、ROM 表等,芯片商也可挂接自己的私有外设。DAP(Debug Access Point)是调试访问端口总线,也是基于 APB 总线协议的 32 位总线,用于调试端访问内部资源。PPB 和 DAP 总线都是用于调试和保留的一些总线,一般不供用户代码访问。

2.2 ARM 微处理器的数据存储及工作状态

2.2.1 ARM 指令长度及数据类型

ARM 微处理器的指令长度可以是 32 位(在 ARM 状态下),也可以为 16 位(在 Thumb 状态下)。 在 ARM 体系结构中,字(Word)的长度为 32 位,半字(Half-Word)的长度为 16 位,字节(Byte)的长度为 8 位。而在 8 位/16 位处理器体系结构中,字的长度一般为 16

位(注意区别)。因此,ARM 微处理器中支持字节、半字和字 3 种数据类型,其中,字需要 4 字节对齐(地址的低两位为 0)、半字需要 2 字节对齐(地址的最低位为 0)。

2.2.2 ARM 的存储器格式

ARM 体系结构将存储器看作从零地址开始的字节的线性组合。第 0~3 字节放置第 1 个存储的字数据,第 4~7 字节放置第 2 个存储的字数据,依次排列。作为 32 位的微处理器,ARM 体系结构所支持的最大寻址空间为 4GB(2^{32} 字节)。

ARM 体系结构可用两种方法存储字数据,称为大端格式和小端格式。大端格式就是字数据的高字节存储在低地址中,而字数据的低字节存放在高地址中。小端格式与大端格式相反,即低地址中存放的是字数据的低字节,高地址存放的是字数据的高字节,如图 2-3 所示。

大端格式:	31	24	23	16	15	8	7	0	地址
第 3 个字数据	第 8 字节		第 9 字节		第 10 字节		第 11 字节		11~8
第 2 个字数据	第 4 字节		第 5 字节		第 6 字节		第 7 字节		7~4
第 1 个字数据	第 0 字节		第 1 字节		第 2 字节		第 3 字节		3~0

小端格式:	31	24	23	16	15	8	7	0	地址
第 3 个字数据	第 11 字节		第 10 字节		第 9 字节		第 8 字节		11~8
第 2 个字数据	第 7 字节		第 6 字节		第 5 字节		第 4 字节		7~4
第 1 个字数据	第 3 字节		第 2 字节		第 1 字节		第 0 字节		3~0

图 2-3 大端格式与小端格式存储字数据的比较

2.2.3 传统 ARM 微处理器的工作状态

从编程的角度看,传统 ARM 微处理器的工作状态一般有两种,并可在两种状态之间切换。

(1) 第一种为 ARM 状态,此时处理器执行 32 位的、字对齐的 ARM 指令集。

(2) 第二种为 Thumb 状态,此时处理器执行 16 位的、半字对齐的 Thumb 指令集。

当 ARM 微处理器执行 32 位的 ARM 指令集时,工作在 ARM 状态;当 ARM 微处理器执行 16 位的 Thumb 指令集时,工作在 Thumb 状态。在程序的执行过程中,微处理器可以随时在两种工作状态之间切换,并且处理器工作状态的转变并不影响处理器的运行模式和相应寄存器中的内容。

ARM 微处理器的运行模式可以通过软件改变,也可以通过外部中断或异常处理改变。ARM 微处理器支持 7 种运行模式,分别如下:

(1) 用户模式(usr):ARM 处理器正常的程序执行状态。

（2）快速中断模式（fiq）：用于高速数据传输或通道处理。
（3）外部中断模式（irq）：用于通用的中断处理。
（4）管理模式（svc）：操作系统使用的保护模式。
（5）数据访问终止模式（abt）：当数据或指令预取终止时进入该模式，可用于虚拟存储及存储保护。
（6）系统模式（sys）：运行具有特权的操作系统任务。
（7）未定义指令中止模式（und）：当未定义的指令执行时进入该模式，可用于支持硬件协处理器的软件仿真。

大多数应用程序运行在用户模式下，当处理器运行在用户模式下时，某些被保护的系统资源是不能被访问的。除用户模式以外，其余 6 种模式统称为非用户模式或特权模式（Privileged Modes）。除用户模式和系统模式以外的 5 种模式又称为异常模式（Exception Modes），常用于处理中断或异常，以及需要访问受保护的系统资源等情况。

2.2.4 Cortex-M4 处理器的工作状态

相较于传统 ARM 微处理器，Cortex-M4 处理器的工作状态进行了重新定义，包括两种运行状态和两种运行模式，如图 2-4 所示。

（1）Thumb 状态：如果处理器正在运行程序代码（Thumb 指令），它处于 Thumb 状态。不同于经典的 ARM 处理器，Cortex-M 处理器不支持 ARM 指令集。

（2）调试（Debug）状态：当处理器暂停时（如通过调试器或在进入断点后），它进入调试状态并停止执行指令。

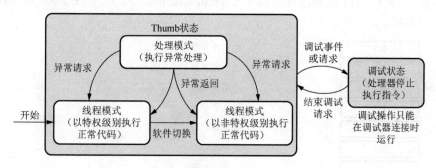

图 2-4 运行状态和模式

调试状态只用于调试操作。这个状态的进入由一个来自调试器的停止请求控制，或通过处理器中的调试组件产生的调试事件控制。此状态允许调试器访问或更改处理器寄存器的值。无论是 Thumb 状态还是调试状态，系统的内存，包括处理器内部和外部的外设，都可以通过调试器访问。

（1）处理（Handler）模式：当执行一个异常处理程序时，如中断服务程序（Interrupt Service Routine，ISR）。如果处于处理程序模式，处理器始终拥有特权访问级别。

（2）线程（Thread）模式：在执行正常的应用程序代码时，处理器不仅可以处于特权访问级别，还可以处于非特权访问级别，其访问等级由控制寄存器来控制。

默认情况下，Cortex-M4 处理器启动时处于线程模式和 Thumb 状态。

Cortex-M4 处理器沿用了传统 ARM 处理器的特权模式概念，将访问级别分为特权和非特权访问两种。特权访问级别可以访问处理器的所有资源，而非特权级别意味着一些内存区域是不可访问的，并有一些操作不能使用。软件可以将处理器从特权级线程模式切换至非特权级线程模式，但不能从非特权级切换至特权级。如果需要这样切换，处理器可以使用异常机制来处理这一切换。

除了内存访问权限和几个特殊指令的访问存在不同之处，程序员的特权访问级别和非特权访问级别的模型几乎是相同的。值得注意的是，绝大部分中断控制寄存器只有特权访问权限。

同其他处理器一样，Cortex-M4 处理器内核中也有许多寄存器用来执行数据处理和控制。这些寄存器大部分在寄存器组中。每一个数据处理指令都会指定所需的操作、适用的源寄存器和目的寄存器。在 ARM 体系结构中，如果要处理存储器中的数据，则必须将数据从内存加载到寄存器组的寄存器中，在处理器内部进行处理，然后将其写回存储器中，通常称为加载/存储结构。

2.3 ARM 通用寄存器组

ARM 微处理器的寄存器被安排成部分重叠的组，并不是在任何模式下都可以使用，寄存器的使用与处理器的状态和工作模式有关。Cortex-M4 为 32 位处理器内核，包含 16 个 32 位寄存器。R0~R12 为通用寄存器，R13 是堆栈指针（Stack Pointer，SP），R14 是连接寄存器（Link Register，LR），R15 是程序计数器（Program Counter，PC）。图 2-5 给出了 Cortex-M4 处理器的寄存器组。

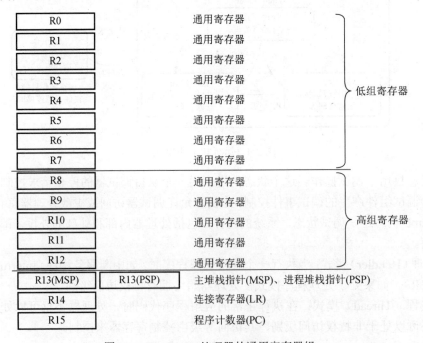

图 2-5　Cortex-M4 处理器的通用寄存器组

2.3.1 通用寄存器 R0~R12

R0~R12 是最具"通用目的"的 32 位通用寄存器，用于数据操作。大部分能够访问通用寄存器的指令可以访问 R0~R12。其中：

（1）低组寄存器（R0~R7）能够被所有访问通用寄存器的指令访问，大小为 32 位，复位后初始值不定。

（2）高组寄存器（R8~R12）能够被所有 32 位通用寄存器指令访问，而不能被所有 16 位指令访问，大小为 32 位，复位后初始值不定。

2.3.2 堆栈指针 R13

Cortex-M4 拥有两个堆栈指针，但在任一时刻只能使用其中一个。指针的切换通过控制寄存器（CONTROL）实现。当直接使用 R13（或写作 SP）时，引用到的是当前正在使用的那一个，另一个必须用特殊的指令来访问（如 MRS/MSR 指令）。Cortex-M4 拥有的两个堆栈指针如下：

（1）主堆栈指针（Master Stack Pointer，MSP），或写作 SP_main：这是默认的堆栈指针，它供操作系统内核、异常服务例程及所有需要特权访问的应用程序代码来使用，可应用于线程模式和处理器模式。

（2）进程堆栈指针（Process Stack Pointer，PSP），或写作 SP_process：用于常规的应用程序代码（不处于异常服用例程中时），只能用于线程模式。多数情况下，若应用不需要嵌入式操作系统，则 PSP 也没有必要使用。许多简单应用完全依赖于 MSP。

堆栈指针用于访问堆栈，在 Cortex-M4 中有专门的指令负责堆栈操作——PUSH 和 POP。其汇编语言语法如下：

```
PUSH {R0}              ;*(--R13)=R0，R13 是 long*的指针
POP  {R0}              ;R0= *R13++
```

此外，通常在进入子程序时，将关键寄存器的值先压入堆栈中，而在子程序退出前再从堆栈弹出到对应寄存器，用以保护它们的数值。另外，PUSH 和 POP 还能一次操作多个寄存器，如下所示：

```
PUSH {R0-R7, R12,R14}  ;保存寄存器列表
…                      ;执行处理
POP {R0-R7, R12, R14}  ;恢复寄存器列表
BX R14                 ;返回主调函数
```

寄存器的 PUSH 和 POP 操作永远都是 4 字节对齐的，即堆栈地址必须是 0x4，0x8，0xc，……。事实上，R13 的最低两位被连接到 0，并且一直读出为 0。

2.3.3 连接寄存器 R14

寄存器 R14 为子程序 LR。当调用子程序或函数时，这个函数用于保存返回地址。函数或子程序结束时，程序将 LR 中的地址赋给 PC 返回调用函数中。在调用子程序或函数时，LR 中的数值是自动更新的，如果此函数或子程序嵌套调用其他函数或子程序，则需要保存 LR 中的数值到堆栈中，否则 LR 中的数值会因函数调用而丢失。

2.3.4 程序计数器 R15

寄存器 R15 是 PC，既可以读出数据，也可以写入数据。由于 Cortex-M4 内部使用了指令流水线，因此读 PC 时返回的值是当前指令的地址加 4。例如：

```
0x1000:    MOV R0,   PC    ;R0=0x1004
```

向 PC 中写数据会引起跳转操作。但多数情况下，跳转和调用操作由专门的指令实现。由于 Cortex-M4 中的指令至少是半字对齐的，因此 PC 的最低位（LSB）总是为 0。然而，在使用一些跳转指令更新 PC 时，LSB 会被置 1，以表示 Thumb 状态。否则，会被视为企图进入 ARM 模式，此时因为 Cortex-M4 处理器不支持 ARM 指令集，所以将产生一个错误异常。

2.4 Cortex-M4 特殊功能寄存器组

除了通用寄存器组之外，Cortex-M4 处理器还有一些特殊的寄存器，包括程序状态寄存器组（PSRs 或 xPSR）、中断屏蔽寄存器组（PRIMASK、FAULTMASK、BASEPRI）和控制寄存器（CONTROL）。在简单应用开发中，通常不需要使用这些寄存器。但是，在嵌入式操作系统或需要高级终中断屏蔽特性时，就需要访问它们。它们只能被专用的 MSR/MRS 指令访问，而且它们没有与之相关联的访问地址，如图 2-6 所示。

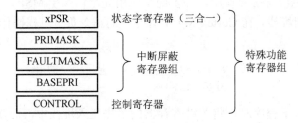

图 2-6 特殊功能寄存器

```
MRS <reg>, <special_reg>        ;读特殊功能寄存器的值到通用寄存器
MSR <special_reg>, < reg>       ;写通用寄存器的值到特殊功能寄存器
```

2.4.1 程序状态寄存器

程序状态寄存器在其内部又分为 3 个子状态寄存器：应用 PSR（APSR）、中断 PSR（IPSR）和执行 PSR（EPSR），如图 2-7 所示。

通过 MRS/MSR 指令，这 3 个寄存器既可以单独访问，也可以组合访问。当使用三合一的方式访问时，应使用名称 xPSR 或 PSR，如图 2-8 所示。

	31	30	29	28	27	26:25	24	23:20	19:16	15:10	9	8	7	6	5	4:0
APSR	N	Z	C	V	Q				CE[3:0]*							
IPSR											Exception Number					
EPSR						ICI/IT	T			ICI/IT						

图 2-7 Cortex-M4 中的程序状态寄存器

	31	30	29	28	27	26:25	24	23:20	19:16	15:10	9	8	7	6	5	4:0
xPSR	N	Z	C	V	Q	ICI/IT	T		CE[3:0]*	ICI/IT			Exception Number			

图 2-8 合体后的程序状态寄存器

*表示 GE[3:0]在 Cortex-M4 处理器中存在，但在 Cortex-M3 处理器中不可用。

图 2-7 和图 2-8 中，N 为负标志；Z 为零标志；C 为进位（非借位）标志；V 为溢出标志；Q 为饱和标志；GE[3:0]大于或等于标志，对应每个字节通路；ICI/IT 为中断继续指令位（ICI），或 IF-THEN 指令状态位（用于条件执行）；T 为 Thumb 位，总是为 1；异常编号（Exception Number）为处理器正在处理的异常编号。

单独访问的实例如下：

```
MRS R0, APSR              ;读 Flag 状态到 R0
MRS R0, IPSR              ;读异常/中断状态
MSR APSR, R0              ;写 Flag 状态
```

组合访问的实例如下：

```
MRS R0, PSR               ;读组合程序状态字
MSR PSR, R0               ;写组合程序状态字
```

需要注意如下两个方面：

（1）软件代码不能直接使用 MRS（读出为 0）或 MSR 访问 EPSR。
（2）IPSR 为只读，可以由组合 PSR（xPSR）读取。

2.4.2 中断屏蔽寄存器组

PRIMASK、FAULTMASK 和 BASEPRI 这 3 个寄存器都用于异常或中断屏蔽，见表 2-1。每一个异常（包括中断）都有优先级别，优先级号越小优先级别越高，优先级号越大优先级别越低。这些特殊寄存器用来屏蔽具有优先级别的异常，且只能在特权级别下访问（非特权级别下，写入这些寄存器的值将被忽略，并读取 0 返回）。默认情况下，寄存器的值为 0，即不开启屏蔽功能（异常/中断不可用）。

表 2-1 CORTEX-M4 中断屏蔽寄存器

名称	功能描述
PRIMASK	只有 1 位的中断屏蔽寄存器。当它置 1 时，关闭所有可屏蔽的异常（包括中断），只剩下非屏蔽中断（Non Maskable Interrupt, NMI）和硬件错误（fault）可以响应。它的默认值是 0，表示没有关闭异常/中断
FAULTMASK	只有 1 位的寄存器。当它置 1 时，只有 NMI 才能响应，所有其他异常（包括中断和硬 fault）都被关闭。它的默认值也是 0，表示没有关闭异常
BASEPRI	寄存器最多有 9 位（由表达优先级的位数决定）。它定义了被屏蔽优先级的阈值。当它被设成某个值后，所有优先级号大于或等于此值的中断都被关闭。但若被设成 0，则不关闭任何中断，0 是其默认值

对于时间-关键任务而言，恰如其分地使用 PRIMASK 和 BASEPRI 来暂时关闭一些中断是非常重要的。而 FAULTMASK 可以被嵌入式操作系统用于暂时关闭硬件错误处理机能，这种处理在某个任务崩溃时可能需要。因为在任务崩溃时，常常伴随着一大堆错误。在系统修复错误时，通常不再需要响应这些错误，因此 FAULTMASK 就是专门留给嵌入式操作系统用

的。要访问 PRIMASK、FAULTMASK 及 BASEPRI，同样要使用 MRS/MSR 指令，如：

```
MRS R0, BASEPRI        ;读取 BASEPRI 到 R0 中
MRS R0, FAULTMASK      ;读取 FAULTMASK 到 R0 中
MRS R0, PRIMASK        ;读取 PRIMASK 到 R0 中
MSR BASEPRI, r0        ;写入 R0 到 BASEPRI 中
MSR FAULTMASK, r0      ;写入 R0 到 FAULTMASK 中
MSR PRIMASK, r0        ;写入 R0 到 PRIMASK 中
```

只有在特权级别下，才允许访问这 3 个寄存器。其实，为了快速地开关中断，处理器还专门设置了一条修改状态指令（CPS），该指令有 4 种用法，具体如下：

```
CPSID  I               ;PRIMASK=1，关中断
CPSIE  I               ;PRIMASK=0，开中断
CPSID  F               ;FAULTMASK=1，关异常
CPSIE  F               ;FAULTMASK=0，开异常
```

2.4.3 控制寄存器

控制寄存器（CONTROL）用于定义特权级别和选择当前使用堆栈指针。另外，Cortex-M4 处理器有 FPU，由控制寄存器的 FPCA 位来显示当前执行的代码中是否使用 FPU。控制寄存器只能在特权访问级别下修改，可以在特权和非特权访问级别读取。Cortex-M4 控制寄存器的每一位定义见表 2-2。

表 2-2　CORTEX-M4 控制寄存器的每一位定义

位	功能
nPRIV (bit 0)	定义线程模式特权级别： 0——特权级的线程模式； 1——非特权级的线程模式； 处理模式永远是特权级的
SPSEL (bit 1)	堆栈指针选择： 0——选择 MSP（复位后默认值）； 1——选择 PSP； 在处理模式下，该位始终为 0，即只允许使用 MSP
PCA (bit 2)	浮点激活——只存在于带 FPU 的 Cortex-M4 中： 0——不激活 FPU； 1——激活 FPU； 当执行浮点指令时，该位被自动置 1。出现异常时，由硬件自动清零

复位后，控制寄存器的值为 0，即此时线程模式使用 MSP，且为特权访问级别。通过写入控制寄存器的值，线程模式的程序可切换堆栈指针或进入非特权级的线程模式，如图 2-9 所示。然而，一旦控制寄存器的 nPRIV 位被置 1，线程模式下运行的程序将不能再访问控制寄存器。

非特权访问级别下的程序不能自行切换至特权访问级别，这对于提供一个基本的安全使用模型是必不可少的。如果要将处理器切换至特权访问级别的线程模式，则需要异常机制。在异常处理过程中，异常处理程序可将 nPRIV 位清零，处理器将回到特权访问级别的线程模式，如图 2-10 所示。

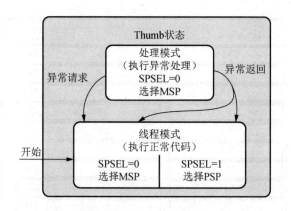

图 2-9 堆栈指针的选择

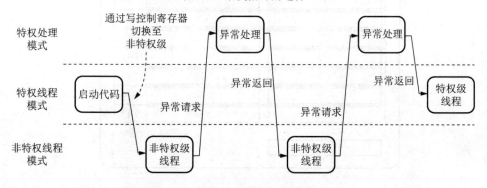

图 2-10 特权级和处理器模式的切换

访问控制寄存器是通过 MRS 和 MSR 指令来操作的，具体如下：

```
MRS  R0, CONTROL      ;读取控制寄存器的值到 R0 中
MSR  CONTROL, R0      ;写入 R0 的值到控制寄存器中
```

通过检查 IPSR 和 CONTROL 的值可知道当前的执行级别是否为特权级。

2.5 Cortex-M4 浮点处理寄存器组

Cortex-M4 处理器有一个可选的 FPU，为浮点数据处理提供了额外的寄存器，以及浮点状态控制寄存器。FPU 中包含 32 个用于存储单精度浮点数的 32 位寄存器，也可合并为 16 个用于存储双精度浮点数的 32 位寄存器。

图 2-11 中，32 位寄存器 S0～S31（"S" 为单字/单精度）可以通过浮点指令访问，或以成对形式访问，即 D0～D15（"D" 为双字/双精度）。例如，S1 和 S0 搭配在一起成为 D0，S3 和 S2 搭配在一起成为 D1。Cortex-M4 处理器的 FPU 不支持双精度浮点计算，可以使用浮点指令来转换双精度数据。

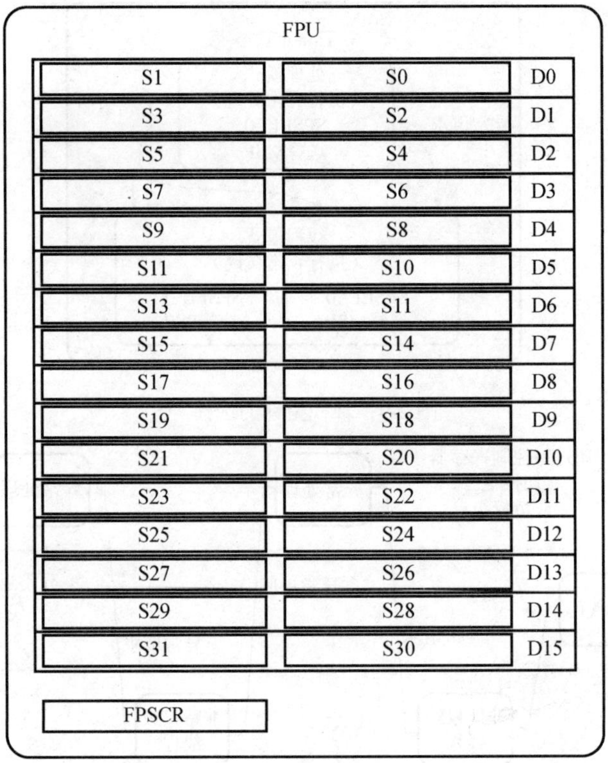

```
                    FPU
        ┌─────────┬─────────┬─────┐
        │   S1    │   S0    │ D0  │
        │   S3    │   S2    │ D1  │
        │   S5    │   S4    │ D2  │
        │   S7    │   S6    │ D3  │
        │   S9    │   S8    │ D4  │
        │   S11   │   S10   │ D5  │
        │   S13   │   S11   │ D6  │
        │   S15   │   S14   │ D7  │
        │   S17   │   S16   │ D8  │
        │   S19   │   S18   │ D9  │
        │   S21   │   S20   │ D10 │
        │   S23   │   S22   │ D11 │
        │   S25   │   S24   │ D12 │
        │   S27   │   S26   │ D13 │
        │   S29   │   S28   │ D14 │
        │   S31   │   S30   │ D15 │
        └─────────┴─────────┴─────┘
              FPSCR
```

图 2-11　FPU 组成图

2.5.1　浮点状态控制寄存器

浮点状态控制寄存器（Floating Point Status and Control Register，FPSCR）有 32 位，如图 2-12 所示。它定义了一些浮点运算动作，并提供了关于浮点运算结果的状态信息。默认情况下，浮点运算行为被配置为符合 IEEE 754 的单精度运算。在普通应用中不需要修改浮点运算控制的设置。FPSCR 的功能见表 2-3。

需要注意的是，通过软件可利用 FPSCR 的异常位来检测在浮点运算中的异常现象。

	31	30	29	28	27	26	25	24	23:22	21:8	7	6:5	4	3	2	1	0
FPSCR	N	Z	C	V		AHP	DN	FZ	RMode	Reserved	IDC	Reserved	IXC	UFC	OFC	DZC	IOC

↑ Reserved

图 2-12　FPSCR 位定义

Reserved—保留位

表 2-3　FPSCR 的功能

位	功能
N	负标志（由浮点比较操作更新）
Z	零标志（由浮点比较操作更新）
C	进位/借位标志（由浮点比较操作更新）

续表

位	功能
V	溢出标志（由浮点比较操作更新）
AHP	半精度控制位： 0——IEEE 半精度格式（默认）； 1——可选的半精密格式
DN	默认的 NAN（非数字）模式控制位： 0——NAN 操作数通过一个浮点运算的输出来传送（默认）； 1——任何涉及一个或多个 NAN 运算，返回默认的 NAN
FZ	归零模式控制位： 0——归零模式禁用（默认）（IEEE 754 标准）； 1——归零模式启用
RMode	取整模式控制域，指定的取整模式适用于绝大多数浮点指令： 00：舍入到最近（RN）模式（默认）； 01：向正无穷取整（RP）模式； 10：向负无穷取整（RM）模式； 11：向零取整（RZ）模式
IDC	输入非正规累积异常位。浮点发生异常时，设置为 1；向该位写 0 时清除
IXC	不精确的累积异常位。浮点发生异常时，设置为 1；向该位写 0 时清除
UFC	Underflow 累积异常位。浮点发生异常时，设置为 1；向该位写 0 时清除
OFC	溢出流累计异常位。浮点发生异常时，设置为 1；向该位写 0 时清除
DZC	除零累计异常位。浮点发生异常时，设置为 1；向该位写 0 时清除
IOC	无效的运算累计位。浮点发生异常时，设置为 1；向该位写 0 时清除

2.5.2 协处理器访问控制寄存器

除了浮点寄存器块和 FPSCR 外，FPU 还引入了一些额外的内存映射寄存器。例如，协处理器访问控制寄存器（CPACR），它用于启用或禁用 FPU。默认情况下，FPU 将被禁用以减少功率消耗。在使用任何浮点指令之前，必须通过编写 CPACR 来启用 FPU。CPACR 的位定义如图 2-13 所示。

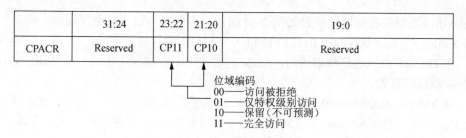

图 2-13 CPACR 的位定义

2.6 Cortex-M4 存储器系统结构

存储器是系统中的记忆设备，用来存放程序和数据。按在系统中的作用不同，存储器可分为主存储器、辅助存储器、缓冲存储器。按存取方式不同，存储器分为随机存取存储器、只读存储器、顺序存储器和直接存取存储器 4 类。按存储介质不同，存储器可分为半导体存储器、磁表面存储器和光盘存储器。

2.6.1 Cortex-M4 微处理器存储器系统特征

Cortex-M4 微处理器具有以下特点：
（1）多总线接口，允许并发指令和数据访问（哈佛总线接口）。
（2）总线接口设计基于 AMBA，这也是一种片上总线标，包括用于存储器和系统总线流水线操作的 AMBA 高性能总线协议，以及用于和调试部件通信的 AMBA 高级外设总线协议。
（3）支持小端格式和大端格式的存储系统。
（4）支持未对齐的数据传输。
（5）支持独占传输（用于嵌入式操作系统和实时操作系统中的信号量运算）。
（6）位可寻址存储空间（位段 Bit-Band 操作）。
（7）不同内存区域的属性和访问权限。
（8）可选的 MPU。如果 MPU 可用，存储器的属性和访问权限能够在运行时通过编程来设置。

2.6.2 存储器的映射

Cortex-M4 处理器的 4GB 空间被划分为多个存储区域，由于这一划分基于典型的用法，因此不同的区域主要被设计成以下用途：
（1）程序代码访问（如 Code 区）。
（2）数据访问（如 SRAM 区）。
（3）外设（如外设区）。
（4）处理器的内部控制和调试组件（如私有外设区）。

该架构具备较高灵活性，允许内存区域用作其他用途。例如，程序既可以在 Code 区执行，也可以在 SRAM 区执行。而微控制器也可以将 Code 区加入 SRAM 块。在实际应用中，许多微控制器设备只使用每个区域的一小部分用作程序 Flash，SRAM 和外设，有些区域可能不会用到。

Cortex-M4 系统的存储地址映射如图 2-14 所示，主要分为以下几个区域：
（1）Code 区（0x00000000～0x1FFFFFFF）：512MB 的存储器空间，在 I-Code 总线进行取指令，在 D-Code 总线进行数据访问。Code 区主要用于存储程序代码，包括作为程序存储器一部分的默认向量表。
（2）SRAM 区（0x20000000～0x3FFFFFFF）：位于存储空间的下一个 512MB，主要用于连接 SRAM，大多为片上 SRAM，不过对存储类型没有明确限制。如果支持位段操作，则 SRAM 区的第一个 1MB 是位可寻址的，也可在该区域内执行程序代码。
（3）Peripheral 区（0x40000000～0x5FFFFFFF）：即外设区，也是 512MB 的存储器空间，主要使用片上外设。类似于 SRAM 区，如果支持位段操作，则外设的前 1MB 是位可寻址的。
（4）RAM 区（0x60000000～0x9FFFFFFF）：1GB 存储器空间，用于片外存储器等其他 RAM，可存储程序代码和数据。
（5）Devices 区（0xA0000000～0xDFFFFFFF）：1GB 的存储器空间，用于片外外设等其他存储器。

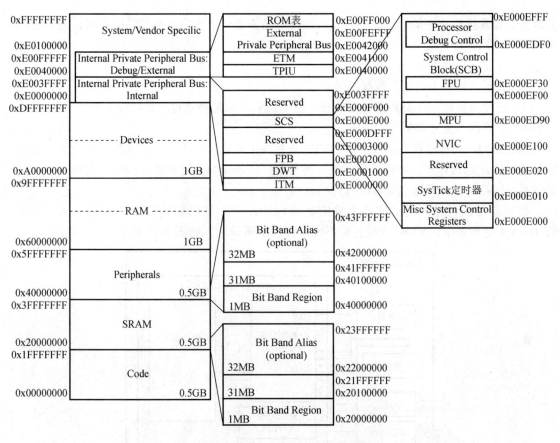

图 2-14 Cortex-M4 系统的存储地址映射

（6）System 区（0xE0000000～0xFFFFFFFF），这个区包含以下几个部分：

① 内部私有外设总线（Internal Private Peripheral Bus）（0xE0000000～0xE003FFFF）：用来访问处理器的一些内置部件，包括系统控制空间（System Control Space，SCS）、Flash 补丁和断点单元（FPB）、数据监测点和跟踪单元（Data Watch and Trace，DWT）及指令跟踪宏单元（Instrumentation Trace Macrocell，ITM）等。其中，SCS 包括系统控制块（System Control Block，SCB）、FPU、MPU、NVIC、SysTick 定时器等。

② 调试/外部私有外设总线（Debug/External Private Peripheral Bus）（0xE0040000～0xE00FFFFF）：用来访问处理器的一些调试部件，包括提供调试或跟踪部件地址的 ROM 表、ETM、TPIU，以及提供给外设供应商使用的外部 PPB 内存映射。

③ 供应商定义区（0xE0100000～0xFFFFFFFF）：用于供应商定义的部件。

2.7 Cortex-M4 的异常和中断

2.7.1 异常与中断简介

绝大多数微处理器中支持中断，中断通常由硬件电路产生（如外设或外部输入引脚），它会改变处理器执行程序的顺序。当外设或硬件电路需要一个来自处理器的服务时，通常会出现以下一系列事件：

（1）外设向处理器发出一个中断请求。
（2）处理器暂停当前正在执行的任务。
（3）处理器执行一个 ISR 来服务外设，若有需要，可选择通过软件清除中断请求。
（4）处理器恢复之前暂停的任务。

Cortex-M4 处理器都会提供一个 NVIC 来完成中断处理。除中断请求外，还有其他需要服务的事件，称为异常。中断是异常的一种类型。Cortex-M4 处理器有故障异常和用来支持操作系统运行的系统异常（如 SVC 指令）。

处理异常的程序代码通常称为异常处理程序，它们是已编译程序映像的一部分。在 Cortex-M4 处理器中，NVIC 接收各种不同来源的中断请求，如图 2-15 所示。

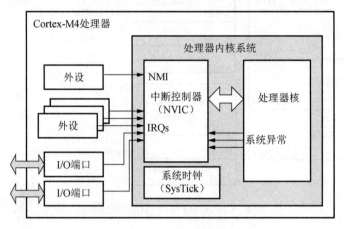

图 2-15　Cortex-M4 处理器中的异常来源

Cortex-M4 处理器的 NVIC 支持多达 240 个可屏蔽中断请求（IRQ）、1 个 NMI、1 个 SysTick 定时器中断和一些系统异常。大多数 IRQ 由定时器、I/O 端口和通信接口等外设产生。NMI 通常由"看门狗"定时器和掉电检测器等外设产生。其余异常都来自处理器内核，中断也可以用软件生成。

2.7.2　Cortex-M4 处理器的异常类型

Cortex-M4 处理器提供了一个功能丰富的异常架构，支持多个系统异常和外部中断。编号 1~15 是系统异常，编号 16 以上为中断输入，大多数异常（包括所有的中断）可配置优先级，少部分系统异常为固定优先级，见表 2-4。

表 2-4　CORTEX-M4 处理器的系统异常信息

编号	类型	向量地址	优先级	描述
1	复位	0x00000004	−3（最高）	复位
2	NMI	0x00000008	−2	可以从片上外设或外部来源产生
3	硬件错误	0x0000000C	−1	如果对应的异常处理程序未执行，或在这些异常处理程序执行过程中又出现了 fault，则触发硬 fault

续表

编号	类型	向量地址	优先级	描述
4	内存管理错误	0x00000010	可配置	检测到内存访问违反了 MPU 定义的区域
5	总线错误	0x00000014	可配置	在取址、数据读/写、取中断向量、进入/退出中断时寄存器堆栈操作（入栈/出栈）时检测到的内存访问错误
6	用法错误	0x00000018	可配置	检测到未定义的指令异常，未对齐的多重加载/存储内存访问。如果使能相应控制位，还可以检测出除数为零及其他未对齐的内存访问
7~10	保留	保留	NA	
11	SVC	0x0000002C	可配置	SVC（Supervisor Call）指令用于产生一个 SVC 异常。它是用户模式代码中的主进程，用于创造对特权操作系统代码的调用
12	调试监视器	保留	可配置	调试监控器：使用基于调试解决方案的软件时，出现一些类似断点、观察点的调试异常事件
13	保留	保留	NA	
14	PendSV	0x00000038	可配置	PendSV 是为系统级服务提供的中断驱动。在一个操作系统环境中，当没有其他异常正在执行时，可以使用 PendSV 来进行上下文的切换
15	SysTick	0x0000003C	可配置	SysTick 异常是当系统定时器达到零产生，软件也可以生成一个 SysTick 异常。在操作系统环境下，处理器可以使用该异常作为系统时标
16	中断#0	大于等于 0x00000040	可配置	
17	中断#1	大于等于 0x00000040	可配置	可以从片上外设或外部中断源产生
...	...	...	...	
255	中断#239	大于等于 0x00000040	可配置	

需要注意的是，中断序号（如中断#0）表示到处理器 NVIC 的中断输入。对于实际的微处理器产品或片上系统，其外部中断引脚编号同 NVIC 的中断输入序号可能会不一致。

2.7.3 Cortex-M4 处理器的中断管理

Cortex-M4 处理器具有多个用于中断和异常管理的可编程寄存器，其多数位于 NVIC 和 SCB 中。实际上，SCB 是作为 NVIC 的一个部分实现的。此外，处理器内核中还有用于中断屏蔽的寄存器组（包括 PRIMASK、FAULTMASK 和 BASEPRI）。

复位后，所有中断处于禁止状态，且默认优先级为 0。在使用任何中断之前，需要完成以下工作：

（1）设置所需中断的优先级（可选）。
（2）使能外设中可以触发中断的中断产生控制。
（3）使能 NVIC 中的中断。

当触发中断时，对应的 ISR 会响应执行。编写程序时，相应 ISR 名称应与向量表中的名称一致，这样链接器才能将该 ISR 入口地址放入向量表中的正确位置中。

2.7.4 Cortex-M4 处理器的异常流程

1. 接收异常请求

当满足下列各个条件时,处理器会接收以下异常请求:
(1) 处理器正在运行(未被暂停或处于复位状态)。
(2) 异常处于使能状态。
(3) 异常的优先级高于当前等级。
(4) 异常未被屏蔽。

2. 进入异常服务

(1) 将多个寄存器和返回地址入栈。
(2) 取出异常向量(即异常对应的 ISR 入口地址)。
(3) 取出将执行异常处理的指令。
(4) 更新多个 NVIC 寄存器和内核寄存器(包括 PSR、LR、PC、SP,以及内核状态信息)。
(5) 在异常处理开始前,SP 值会相应地自动调整,PC 也会更新为异常处理的入口地址,而 LR 会被特殊值 EXC_RETURN 更新,该特殊值用于异常返回。

3. 执行异常服务

在执行异常处理时,处理器会处于处理器模式,此时:
(1) 栈操作使用 MSP。
(2) 处理器运行在特权访问级别。
如果有更高优先级的异常在这时产生,处理器会接受新的中断。此时,当前正执行的处理会被挂起,并被更高优先级的处理抢占,这种情况为异常嵌套。如果另一个异常在这时产生,且具有相同或更低的优先级。那么,新到的异常将会处于挂起状态,且等当前异常处理完成后才会得到处理。

在异常处理最后,程序代码执行返回操作,将引起特殊值 EXC_RETURN 加载到 PC 中,并触发异常返回机制。

4. 异常返回操作

对于一些处理器架构,异常返回会使用专门的指令完成。而对于 Cortex-M4 处理器,异常返回机制由一个特殊地址 EXC_RETURN 触发。该数值在进入异常服务时,被存储到 LR 中。当该特殊值由某个允许的异常返回指令写入 PC 时,就会触发异常返回机制。

异常返回可由表 2-5 所示的指令产生。当触发了异常返回机制后,处理器会访问栈空间中在进入异常服务时被压入的寄存器值,并恢复到寄存器组中。另外,多个 NVIC 寄存器和内核寄存器也会更新。

第 2 章　ARM Cortex-M4 核体系结构

表 2-5　可用于触发异常返回的指令

返回指令	描述
BX <reg>	若 EXC_RETURN 值仍在 LR 中，则在异常处理结束时，使用 BX LR 指令执行中断返回
POP {PC} 或 POP {…, PC}	在进入异常处理后，LR 的值通常会入栈，可以使用操作一个或多个寄存器（包括 PC）的 POP 指令，将 EXC_RETURN 值送到 PC 中，这样处理器会执行中断返回
LDR 或 LDM	使用 PC 为目的寄存器的 LDR 或 LDM 指令产生中断返回

思 考 题

1. Cortex-M4 处理器由哪些部件组成？
2. 说明 Cortex-M4 处理器内部的系统总线的种类，并简述各系统总线的特点及功能。
3. 传统 ARM 处理器的工作状态和工作模式名有几种？
4. 说明 Cortex-M4 处理器的运行状态和模式的种类，并简述其各种运行状态或模式的特点。
5. 说明 Cortex-M4 处理器的通用寄存器的种类，并简述其中寄存器 R13、R14、R15 的作用。
6. 请根据 Cortex-M4 处理器和 8086CPU 的系统总线结构差异来解释两种处理器所属的系统架构类型。
7. 说明 Cortex-M4 处理器的特殊功能寄存器包含哪些寄存器，并简述其各自的作用。
8. 说明 Cortex-M4 处理器的浮点寄存器包含哪些寄存器，并简述其各自的作用。
9. 说明 Cortex-M4 微处理器存储器系统的特征。
10. 说明 Cortex-M4 系统的存储地址映射分成了哪些区域，各个区域的功能是什么。
11. 说明 Cortex-M4 处理器的异常类型，并简述这些异常所代表的情况。
12. 简要描述 Cortex-M4 处理器的异常处理流程。

第 3 章

ARM 处理器指令集

本章介绍了 ARM 处理器指令集，包括 ARM 寻址方式、Cortex 指令集和 Cortex-M4 特有指令，重点讲述了各种基本指令及其应用场合。

本章主要内容如下：
（1）指令简介；
（2）ARM 寻址方式；
（3）Cortex 指令集；
（4）Cortex-M4 特有指令。

3.1 ARM 指令简介

传统 ARM 处理器支持 32 位的 ARM 指令集和 16 位的 Thumb 指令集。Thumb 指令集是 ARM 指令集的一个子集，ARM 处理器采用译码映射功能，将 Thumb 指令转换成 ARM 指令。Cortex-A 系列处理器和 Cortex-R 系列处理器一直支持这两种运行状态。

与传统 ARM 处理器不同，所有 ARM Cortex-M 处理器采用了 Thumb-2 技术，且只支持 Thumb 运行状态，不支持 ARM 指令集。Thumb-2 技术引入了 Thumb 指令集的一个新的超集，可以在一种运行模式下同时使用 16 位和 32 位指令集。

ARM 处理器指令在汇编程序中用助记符表示，一般的助记符格式如下：

    <opcode>{<cond>} {S} <Rd>,<Rn>{,<operand2> }

其中：<opcode>——操作码，如 ADD 表示算术加操作指令；
  {<cond>}——决定指令执行的条件码后缀；
  {S}——决定指令执行是否影响状态寄存器的值；
  <Rd>——目的寄存器；
  <Rn>——第一个操作数，为寄存器；
  <operand2>——第二个操作数。

指令语法格式中，<>中的内容是必需的，{ }中的内容是可选的。
指令格式举例如下：

    LDR R0, [R1]   ;读取 R1 地址上的存储器单元内容，执行条件 AL

```
BEQ DATAEVEN            ;跳转指令，执行条件 EQ，即相等跳转到 DATAEVEN
ADDS R1, R1, #1         ;加法指令，R1+1=R1，带 S 则影响 CPSR 寄存器
SUBNES R1,R1,#0xF       ;条件执行减法运算(NE)，R1-0xF=>R1
                        ;带 S 则影响 CPSR 寄存器
```

大多数 ARM 处理器的指令可以接条件码后缀，实现这些指令有条件地执行。当指令的执行条件满足时，指令被执行，否则指令将被忽略。条件码后缀共有 16 种，用两个字符表示，这两个字符可以添加在指令助记符的后面和指令同时使用。例如，跳转指令 B 可以加上后缀 EQ 变为 BEQ 表示"相等则跳转"，即当状态标志位中的 Z 标志置位时发生跳转。在 16 种条件标志码中，实际有用的只有 14 种，见表 3-1。第 15 种（1110）为无条件。第 16 种（1111）为系统保留，暂时不能使用。

表 3-1 条件码后缀、标志及含义

条件码后缀	标志	含义
EQ	Z=1	相等
NE	Z=0	不相等
CS/HS	C=1	无符号数大于或等于
CC/LO	C=0	无符号数小于
MI	N=1	负数
PL	N=0	正数或零
VS	V=1	溢出
VC	V=0	没有溢出
HI	C=1，Z=0	无符号数大于
LS	C=0，Z=1	无符号数小于或等于
GE	N=V	有符号数大于或等于
LT	N!=V	有符号数小于
GT	Z=0，N=V	有符号数大于
LE	Z=1，N!=V	有符号数小于或等于
AL	任何	无条件执行（指令默认条件）
NV	任何	从不执行（不要使用）

3.2 ARM 寻址方式

ARM 指令寻址方式可分为数据处理指令寻址方式、加载/存储类指令寻址方式、堆栈操作寻址方式和协处理操作指令寻址方式 4 类。

3.2.1 数据处理指令寻址方式

数据处理指令寻址方式分为立即数寻址方式、寄存器寻址方式和寄存器移位寻址方式 3 种。

1. 立即数寻址方式

立即寻址指令中的操作码字段后面的地址码部分是操作数本身，即数据包含在指令中，

取出指令也就取出了可以立即使用的操作数（这样的数称为立即数）。

立即数可表示为常数表达式。在立即数寻址方式中，规定这个立即数必须是一个 8 位的常数通过循环右移偶数位得到。ARM 只提供了 12 位来放数据，其中 8 位是用来记录数值的，另外 4 位放移位的位数，以此来形成一个立即数。立即寻址指令举例如下：

```
SUBS R0,R0,#1           ;R0 减 1，结果放入 R0
MOV R0,#0x12            ;将立即数 0x12 装入 R0 寄存器
```

注意：立即数以#开头，十六进制数在#后加 0x 或&表示。

2. 寄存器寻址方式

在寄存器方式下，操作数即为寄存器的数值。操作数的值在寄存器中，指令中的地址码字段指出的是寄存器编号，指令执行时直接取出寄存器值来操作。寄存器寻址指令举例如下：

```
MOV R1, R2              ;将 R2 的值存入 R1
SUB R0, R1,R2           ;将 R1 的值减去 R2 的值，结果保存到 R0
```

注意：R0 是目的寄存器，R1 是第 1 个操作数寄存器，R2 是第 2 个操作数寄存器。

3. 寄存器移位寻址方式

寄存器移位寻址是 ARM 指令集特有的寻址方式。当第 2 个操作数是寄存器移位方式时，第 2 个寄存器操作数在与第 1 个操作数结合之前，选择进行移位操作。寄存器移位寻址指令举例如下：

```
MOV R0, R2,LSL #3          ;R2 的值左移 3 位，结果放入 R0，即是 R0=R2×8
ANDS R1, R1, R2, LSL R3    ;R2 的值左移 R3 位，与 R1 相与，结果放入 R1
```

3.2.2 加载/存储类指令寻址方式

加载/存储（Load/Store）类指令寻址方式分为以下 3 种：普通加载/存储指令、杂类加载/存储指令和批量加载/存储指令的寻址方式。

1. 普通加载/存储指令的寻址方式

字及无符号字节的加载/存储指令语法格式如下：

LDR|STR{<cond>}{B}{T}<Rd>,<addressing_mode>

其中：B——加载字节数据；

　　　T——可选后缀（若指令有 T，那么即使处理器在特权模式下，存储系统也将访问看作在用户模式下进行的，但 T 在用户模式下无效）；

　　　addressing_mode——指令寻址模式。

2. 杂类加载/存储指令的寻址方式

使用该类寻址方式的指令的语法格式如下：

LDR|STR{<cond>}H|SH|SB|D <Rd>,<addressing_mode>

其中：B、SH、SB、SD——分别为加载字节数据、加载有符号半字数据、加载有符号字节数据、加载有符号双字数据。

使用该类寻址方式的指令包括有符号/无符号半字加载/存储指令、有符号字节加载/存储指令和双字加载/存储指令。

3. 批量加载/存储指令的寻址方式

批量加载/存储指令将一片连续内存单元的数据加载到通用寄存器组中或将一组通用寄存器的数据存储到内存单元中。它的寻址方式产生一个内存单元的地址范围，指令寄存器和内存单元的对应关系满足以下规则，即编号低的寄存器对应于内存中低地址单元，编号高的寄存器对应于内存中的高地址单元。该类指令的语法格式如下：

```
LDM|STM{<cond>}<addressing_mode>  <Rn>{!}, <registers>{^}
```

其中：cond——批量执行方式类型；

!——可选后缀，表示写回功能；

registers——寄存器组；

^——可选后缀，当指令为 LDM 且寄存器列表中包含 R15，选用该后缀时表示除了正常的数据传送之外，还将恢复状态寄存器。

批量加载/存储指令的执行方式见表 3-2。

表 3-2 批量加载/存储指令的执行方式

序号	执行类型	执行方式
1	IA（Increment After）	后递增方式（每次传送后地址加 4）
2	IB（Increment Before）	先递增方式（每次传送前地址加 4）
3	DA（Decrement After）	后递减方式（每次传送后地址减 4）
4	DB（Decrement Before）	先递减方式（每次传送前地址减 4）

3.2.3 堆栈操作寻址方式

堆栈是一个按特定顺序进行存取的存储区，操作顺序为"后进先出"。堆栈寻址是隐含的，它使用一个专门的寄存器（堆栈指针）指向一块存储区域（堆栈），指针所指向的存储单元是堆栈的栈顶。根据不同的寻址方式，将堆栈分为以下 4 种：

（1）满堆栈：堆栈指针指向栈顶元素。

（2）空堆栈：堆栈指针指向第一个可用元素。满堆栈和空堆栈如图 3-1 所示。

（3）递减栈：堆栈向内存地址减小的方向生长。

（4）递增栈：堆栈向内存地址增加的方向生长。递增栈和递减栈如图 3-2 所示。

根据堆栈的不同种类，将其寻址方式分为以下 4 种：

（1）满递减 FD（Full Descending）。

（2）空递减 ED（Empty Descending）。

（3）满递增 FA（Full Ascending）。

（4）空递增 EA（Empty Ascending）。

传统 ARM 处理器全部支持上述 4 种堆栈方式，并使用 LDM/STM 指令加 FD、ED、FA

或 EA 后缀来实现出栈/入栈的操作。而 Cortex 系列处理器增加了专用的 PUSH/POP 指令来进行堆栈操作。

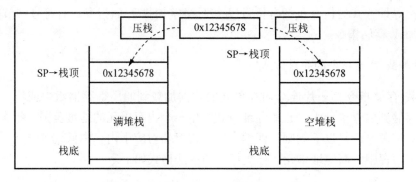

图 3-1　满堆栈和空堆栈

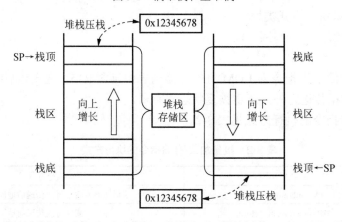

图 3-2　递增栈和递减栈

3.2.4　协处理操作指令寻址方式

协处理器操作指令的语法格式如下：

<opcode>{<cond>}{L}　<coproc>,<CRd>,<addressing_mode>

其中：opcode——指令操作码；

　　　L——可选后缀，表示指令为长读取操作；

　　　coproc——协处理器名称；

　　　CRd——协处理器寄存器；

　　　addressing_mode——指令寻址模式。

3.3　Cortex 指令集

按照功能不同，Cortex-M4 处理器的指令可以分为处理器传送指令、存储器访问指令、数据处理指令、比较与测试指令、程序流程控制指令、异常相关指令、饱和运算指令、存储器隔离指令等。

3.3.1 处理器传送指令

微处理器最基本的操作是在处理器内部传送数据。Cortex-M4 处理器的数据传送类型包括寄存器与寄存器之间传送数据、寄存器与特殊寄存器（如控制寄存器、中断屏蔽寄存器 PRIMASK 等）之间传送数据、把一个立即数加载到寄存器。微处理器内部的数据传送指令见表 3-3。

表 3-3 微处理器内部的数据传送指令

指令	目标操作数	源操作数	操作含义
MOV	R1,	R0	将 R0 中的数据复制到 R1
MOVS	R1,	R0	将 R0 中的数据复制到 R1，需更新 APSR 中的标志
MRS	R2,	PRIMASK	将 PRIMASK 中的值复制到 R2
MSR	CONTROL,	R3	将 R3 的值复制到 CONTROL
MOV	R4,	#0x34	将 8 位数 0x34 直接存入 R4 中
MOVS	R4,	#0x34	将 8 位数 0x34 直接存入 R4 中，需更新 APSR 中的标志
MOVW	R5,	#0x1234	将 16 位数 0x1234 直接存入 R5 中
MOVT	R5,	#0x8765	将 16 位数 0x8765 直接存入 R5 的高 16 位中
MVN	R7,	R6	将 R7 的负值传送至 R3

除了需更新 APSR 中的标志，以及加了一个后缀 S 外，MOVS 指令几乎与 MOV 指令一样。MOV 和 MOVS 指令可以将一个 8 位立即数送入通用寄存器组中的某一个寄存器。如果目的寄存器是低位寄存器（R0~R7），还可以使用 16 位 Thumb 指令。

MOVW 指令可用来将一个大的立即数（9~16 位）存入寄存器。如果立即数的位数在 9~16 位之间，则根据所使用的汇编工具的不同，可能会将 MOV 或 MOVS 指令转换成 MOVW 指令。

如果要设置寄存器的值为 32 位立即数，可以采用以下方法。最常见的方法是使用伪指令 LDR，例如：

```
LDR R0, =0x12345678      ;设置 R0 的值为 32 位立即数 0x12345678
```

这不是一条指令，汇编器将这一指令转换成存储器传输指令和存储在程序映像中的文本数据项。

由于 Cortex-M4 处理器包含 FPU，因此数据传送类型还包括内核寄存器组中的寄存器和浮点寄存器组中的寄存器之间传送数据、浮点寄存器组中的寄存器之间传送数据、将数据从浮点寄存器（如 FPSCR）传送至内核寄存器组中的寄存器、将立即数加载到浮点寄存器等。其对应的指令见表 3-4。

表 3-4 FPU 和内核寄存器之间的数据传送指令

指令	目标操作数	源操作数	操作含义
VMOV	R0,	S0	将浮点寄存器 S0 值复制到通用寄存器 R0 中
VMOV	S1,	R1	将通用寄存器 R1 值复制到浮点寄存器 S1 中
VMOV	S3,	S2	将浮点寄存器 S2 值复制到浮点寄存器 S3 中

续表

指令	目标操作数	源操作数	操作含义
VMRS.F32	R0,	FPSCR	将 FPSCR 中值复制到 R0 中
VMRS	APSR_nzcv,	FPSCR	将 FPSCR 的标志位复制到 APSR_nzcv 的标志位中
VMSR	FPSCR,	R3	将 R3 值复制到 FPSCR 中
VMOV.F32	S0,	#1.0	将单精度值传送至浮点寄存器 S0 中

注意：表 3-4 中出现的指令后缀 .F32（或 .32），表示指定 32 位单精度运算。此外，还有指令后缀 .F64（或 .64），表示指定 64 位双精度运算。

3.3.2 存储器访问指令

Cortex-M4 处理器中有许多存储器访问指令，见表 3-5。

表 3-5 各种数据类型的存储器访问指令

数据类型	加载（从存储器中读出）	存储（写入存储器）
8 位无符号数	LDRB	STRB
8 位有符号数	LDRSB	STRB
16 位无符号数	LDRH	STRH
16 位有符号数	LDRSH	STRH
32 位数	LDR	STR
多个 32 位数	LDM	STM
64 位数（双字）	LDRD	STRD
栈操作（32 位）	POP	PUSH

注意：表 3-5 中，LDRSB 和 LDRSH 指令能够自动对加载的数据执行符号扩展操作，即将数据转换成有符号的 32 位数。例如，如果字节数值为 0x80，采用 LDRSB 指令读出，则这一数值将被转换成 0xFFFFFF80，再放置到目的寄存器。

如果 FPU 可用，则表 3-6 中所示的指令也可用于在 FPU 中的寄存器组与存储器之间传送数据。

表 3-6 FPU 中的存储器访问指令

数据类型	加载（从存储器中读出）	存储（写入存储器）
单精度数（32 位）	VLDR.32	VSTR.32
双精度数（64 位）	VLDR.64	VSTR.64
多个数据	VLDM	VSTM
栈操作	VPOP	VPUSH

注意：许多浮点指令使用 32 和 64 后缀来指定浮点数据类型。在大多数编译工具中，32 和 64 后缀是可选的。

这一类指令可以采取灵活多样的形式访问存储器数据，下面介绍主要的 6 种访问形式。

1. 立即偏移访问形式

数据传输的存储器地址是寄存器值和一个立即数常量（偏移值）的总和，也称为预索引处理。例如：

```
LDRB R0, [R1,# 0x3]          ;从存储器地址[R1+0x3]处读取一个字节值送到R0
```

偏移值可正可负，常用立即偏移形式的存储器访问指令见表 3-7，其中#offset 即是偏移值。

表 3-7 常用立即偏移形式的存储器访问指令

指令示例	功能描述
LDRB Rd, [Rn, #offset]	从地址 Rn+offset 处读取 1 字节送到 Rd
LDRSB Rd, [Rn, #offset]	从地址 Rn+offset 处读取 1 字节并对其进行有符号扩展后送到 Rd
LDRH Rd, [Rn, #offset]	从地址 Rn+offset 处读取一个半字送到 Rd
LDRSH Rd, [Rn, #offset]	从地址 Rn+offset 处读取一个半字并对其进行有符号扩展后送到 Rd
LDR Rd, [Rn, #offset]	从地址 Rn+offset 处读取一个字送到 Rd
LDRD Rd1, Rd2, [Rn, #offset]	从地址 Rn+offset 处读取一个双字（64 位整数）送到 Rd1（低 32 位）和 Rd2（高 32 位）中
STRB Rd, [Rn, #offset]	把 Rd 中的字节存储到地址 Rn+offset 处
STRH Rd, [Rn, #offset]	把 Rd 中的半字存储到地址 Rn+offset 处
STR Rd, [Rn, #offset]	把 Rd 中的字存储到地址 Rn+offset 处
STRD Rd1, Rd2, [Rn, #offset]	把 Rd1（低 32 位）和 Rd2（高 32 位）表达的双字存储到地址 Rn+offset 处

该寻址方式支持写回基址寄存器。例如：

```
LDR R0, [R1, #0x8]!          ;将存储器地址[R1+8]的值加载到R0，R1 更新为R1+8
```

其中：感叹号（!）是可选的，指在传送后更新基址寄存器 R1 的值，即写回功能。如果没有!，则该指令就是普通的带偏移量加载指令。需要注意的是，有些指令不能用于 R14（SP）和 R15（PC）。此外，在执行 16 位 Thumb 指令时，这些指令只支持低位寄存器（R0～R7），并且不提供写回功能。

2. 寄存器偏移访问形式

数据传输的存储器地址是基址寄存器值和变址寄存器值的总和，其中变址寄存器还可以是移位的寄存器（0～3 位的移位）。例如：

```
LDR R2, [R1, R0, LSL #3]     ;从存储器地址[R1+R0 <<3]处读取一个字数据送到R2
```

与立即偏移访问形式相似，不同数据大小对应多种形式，见表 3-8。

表 3-8 寄存器偏移形式的存储器访问指令

指令示例	功能描述
LDRB Rd, [Rn, Rm{, LSL #n}]	从地址 Rn+offset 处读取 1 字节送到 Rd
LDRSB Rd, [Rn, Rm{, LSL #n}]	从地址 Rn+offset 处读取 1 字节并对其进行有符号扩展后送到 Rd
LDRH Rd, [Rn, Rm{, LSL #n}]	从地址 Rn+offset 处读取一个半字送到 Rd
LDRSH Rd, [Rn, Rm{, LSL #n}]	从地址 Rn+offset 处读取一个半字并对其进行有符号扩展后送到 Rd
LDR Rd, [Rn, Rm{, LSL #n}]	从地址 Rn+offset 处读取一个字送到 Rd
STRB Rd, [Rn, Rm{, LSL #n}]	把 Rd 中的低字节存储到地址 Rn+offset 处

指令示例	功能描述
STRH Rd, [Rn, Rm{, LSL #n}]	把 Rd 中的低半字存储到地址 Rn+offset 处
STR Rd, [Rn, Rm{, LSL #n}]	把 Rd 中的低字存储到地址 Rn+offset 处

3. 后序访问形式

数据传输的存储器地址是寄存器值,其后立即数常量用于在数据传输结束后更新地址寄存器值。例如:

```
LDR R0, [R1], # 0x3      ;从存储器地址[R1]处读取一个字数据送到R0
                         ;然后 R1 被更新为 R1+0x3
```

若使用后序访问形式,则由于在数据传输完成后,基址寄存器都会自动更新,因此无须使用感叹号(!)。常用后序访问形式的存储器访问指令见表 3-9。

表 3-9 常用后序访问形式的存储器访问指令

指令示例	功能描述
LDRB Rd, [Rn], #offset	读取存储器[Rn]处 1 字节到 Rd,更新 Rn 为 Rn+offset
LDRSB Rd, [Rn], #offset	读取存储器[Rn]处 1 字节到 Rd 并进行有符号数展开,更新 Rn 为 Rn+offset
LDRH Rd, [Rn], #offset	读取存储器[Rn]处的半字到 Rd,更新 Rn 为 Rn+offset
LDRSH Rd, [Rn], #offset	读取存储器[Rn]处的半字到 Rd 并进行有符号数展开,更新 Rn 为 Rn+offset
LDR Rd, [Rn], #offset	读取存储器[Rn]处的字到 Rd,更新 Rn 为 Rn+offset
LDRD Rd1,Rd2, [Rn], #offset	读取存储器[Rn]处的双字到 Rd1、Rd2,更新 Rn 为 Rn+offset
STRB Rd, [Rn], #offset	存储字节数到存储器[Rn],更新 Rn 为 Rn+offset
STRH Rd, [Rn], #offset	存储半字数到存储器[Rn],更新 Rn 为 Rn+offset
STR Rd, [Rn], #offset	存储字数到存储器[Rn],更新 Rn 为 Rn+offset
STRD Rd1,Rd2, [Rn], #offset	存储双字数到存储器[Rn],更新 Rn 为 Rn+offset

后序访问形式在处理数组中的数据非常有用。在访问数组中的元素时,地址寄存器可以自动调整,节省了代码大小和执行时间。

注意:后序访问指令都是 32 位的,且不能使用 R14(SP)和 R15(PC),偏移值可以为正数或负数。

4. 文本池访问形式

存储器访问可以从当前 PC 值和一个偏移值中产生地址值,常用于将立即数加载到一个寄存器,也可作为常量表的访问。具有 PC 相关寻址方式的存储器访问指令见表 3-10。

表 3-10 具有 PC 相关寻址方式的存储器访问指令

指令示例	功能描述
LDRB Rt, [PC, #offset]	使用 PC 偏移将无符号字节加载到 Rt
LDRSB Rt, [PC, #offset]	使用 PC 偏移将 1 字节有符号扩展数据加载到 Rt
LDRH Rt, [PC, #offset]	使用 PC 偏移将无符号半字加载到 Rt
LDRSH Rt, [PC, #offset]	使用 PC 偏移将半字有符号扩展数据加载到 Rt

指令示例	功能描述
LDR Rt, [PC, #offset]	使用 PC 偏移将一字数据加载到 Rt
LDRD Rt1, Rt2, [PC, #offset]	使用 PC 偏移将双字数据加载到 Rt1 和 Rt2

5. 批量数据访问形式

ARM 架构可以实现对存储器中多个连续数据的读写操作，其批量加载指令 LDM 和批量存储指令 STM 仅支持 32 位数据，相关指令见表 3-11。

表 3-11　批量加载/存储指令

指令示例	功能描述
LDMIA Rn, <reg_list>	从 Rn 指向的存储器位置读取多个字，地址在每次读取后增加
LDMDB Rn, <reg_list>	从 Rn 指向的存储器位置读取多个字，地址在每次读取前减小
STMIA Rn, <reg_list>	向 Rn 指向的存储器位置写入多个字，地址在每次读取后增加
STMDB Rn, <reg_list>	向 Rn 指向的存储器位置写入多个字，地址在每次读取前减小

表 3-11 中，<reg_list>为寄存器列表，至少包含一个寄存器，表示方法如下：
（1）首尾用"{ }"标志。
（2）使用"-"表示连续寄存器。
（3）使用","隔开每个组寄存器。
Cortex 处理器批量加载/存储指令的地址调整方式只有两种。
（1）IA：在每次读/写后增加地址。
（2）DB：在每次读/写前减小地址。
下面是使用批量加载/存储指令的例子。

```
    LDR R6, =0x1000         ;将 R6 设置其 0x1000(地址)
    LDMIA R6,{R0, R2-R5, R8}  ;读取 6 个字数据存入 R0, R2-R5, R8 中
```

批量加载/存储指令与普通加载/存储指令一样，支持写回操作符（!），例如：

```
    LDR R7, =0x4000         ;将 R7 设置其 0x4321(地址)
    STMIA R6,{R0-R3}        ;存储 4 个字数据进入存储器，R7 变为存入 0x4010
```

6. 堆栈数据访问形式

进栈与出栈指令是另外一种形式的多存储和多加载指令，它们利用栈指针 R13 来指向堆栈数据区。堆栈指令见表 3-12。

表 3-12　堆栈指令

指令示例	功能描述
PUSH <reg_list>	将寄存器组存入堆栈区中
POP <reg_list>	从堆栈区中恢复寄存器组

例如：

```
    PUSH {R0,R2-R5,R8}      ;将 R0, R2-R5, R8 压入堆栈中
```

```
POP {R2, R6}                ;将堆栈区数据弹出至 R2,R6 中
```

通常一对 PUSH 和 POP 指令的寄存器列表是相同的，但也有特例，如在异常中使用 POP 作为函数返回时：

```
PUSH {R4-R6,LR}             ;在子程序开始时保护 R4-R6 及 LR(LR 中包含返回地址)
...                         ;子程序处理过程
POP {R4-R6,PC}              ;恢复 R4-R6 及返回地址，返回地址直接存入 PC
                            ;直接触发跳转，实现子程序返回
```

3.3.3 数据处理指令

Cortex-M4 处理器提供了许多不同的算术运算指令，这里对常用的、重要的指令进行介绍。在指令示例中，#immed 表示立即数。

1. 四则运算指令

基本的加、减法运算有 4 条指令，分别是 ADD、SUB、ADC、SBC。

```
ADD Rd, Rn, Rm              ;Rd=Rn+Rm
ADD Rd, Rn, #immed          ;Rd=Rn+#immed
ADC Rd, Rn, Rm              ;Rd=Rn+Rm+carry
ADC Rd, #immed              ;Rd=Rd+#immed+carry
ADDW Rd, Rn, #immed         ;Rd=Rn+#immed
SUB Rd, Rn, Rm              ;Rd=Rn-Rm
SUB Rd, #immed              ;Rd=Rd-#immed
SUB Rd, Rn,#immed           ;Rd=Rn-#immed
SBC Rd, Rn, #immed          ;Rd=Rn-#immed-borrow
SBC Rd, Rn, Rm              ;Rd=Rn-Rm-borrow
SUBW Rd, Rn,#immed          ;Rd=Rn-#immed
```

除此之外，还有反向减法指令 RSB，乘法指令 MUL，除法指令 UDIV、SDIV。

```
RSB Rd, Rn, #immed          ;Rd=#immed-Rn
RSB Rd, Rn, Rm              ;Rd=Rm-Rn
MUL Rd, Rn, Rm              ;Rd=Rn*Rm
UDIV Rd, Rn, Rm             ;Rd=Rn /Rm
SDIV Rd, Rn, Rm             ;Rd=Rn /Rm
```

Cortex-M4 处理器还支持 32 位乘法指令、乘法累加的指令，结果为 32 位和 64 位。

```
MLA Rd, Rn, Rm, Ra          ;Rd=Ra+Rn*Rm, 32 位乘加指令，32 位结果
MLS Rd, Rn, Rm, Ra          ;Rd=Ra-Rn*Rm, 32 位乘法减法指令，32 位结果
SMULL RdLo, RdHi, Rn, Rm    ;{RdHi,RdLo}= Rn*Rm, 32 位乘法，64 位有符号结果
SMLAL RdLo, RdHi, Rn, Rm    ;{RdHi,RdLo}+= Rn*Rm, 32 位乘加指令
                            ;64 位有符号结果
UMULL RdLo, RdHi, Rn, Rm    ;{RdHi,RdLo}= Rn*Rm, 32 位乘法，64 位无符号结果
UMLAL RdLo, RdHi, Rn, Rm    ;{RdHi,RdLo}+= Rn*Rm, 32 位乘加指令
                            ;64 位无符号结果
```

2. 逻辑运算指令

Cortex-M4 处理器支持许多逻辑运算指令，如 AND、OR 等。

```
AND Rd, Rn                ;Rd=Rd&Rn
AND Rd, Rn, #immed        ;Rd=Rn&#immed
ANDRd, Rn, Rm             ;Rd=Rn&Rm
ORR Rd, Rn                ;Rd=Rd|Rn
ORR Rd, Rn, #immed        ;Rd=Rn|#immed
ORR Rd, Rn, Rm            ;Rd=Rn|Rm
BIC Rd, Rn                ;Rd=Rd&(wRn)
BIC Rd, Rn, #immed        ;Rd=Rn&(w#immed)
BIC Rd, Rn, Rm            ;Rd=Rn&(wRm)
ORN Rd, Rn, #immed        ;Rd=Rn|(w#immed)
ORN Rd, Rn, Rm            ;Rd =Rn|(wRm)
EOR Rd, Rn                ;Rd=Rd^Rn Bitwise
EOR Rd, Rn, #immed        ;Rd=Rn|#immed
EOR Rd, Rn, Rm            ;Rd =Rn|Rm
```

3. 移位循环指令

移位循环指令也很多，包括以下内容。

```
ASR Rd, Rn, #immed        ;Rd=Rn>>immed, 算术右移
ASR Rd, Rn                ;Rd=Rd>>Rn
ASR Rd, Rn, Rm            ;Rd=Rn>>Rm
```

ASR 移位示意图如图 3-3 所示。

```
LSL Rd, Rn,#immed         ;Rd=Rn<<immed, 逻辑左移
LSL Rd, Rn                ;Rd=Rd<<Rn
LSL Rd, Rn, Rm            ;Rd=Rn<<Rm
```

LRL 移位示意图如图 3-4 所示。

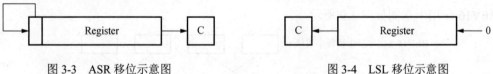

图 3-3　ASR 移位示意图　　　　图 3-4　LSL 移位示意图

```
LSR Rd, Rn,#immed         ;Rd=Rn>>immed, 逻辑右移
LSR Rd, Rn                ;Rd=Rd>>Rn
LSR Rd, Rn, Rm            ;Rd=Rn>>Rm
```

LSR 移位示意图如图 3-5 所示。

```
ROR Rd, Rn                ;Rd rot by Rn, 循环右移
ROR Rd, Rn, Rm            ;Rd=Rn rot by Rm
```

ROR 移位示意图如图 3-6 所示。

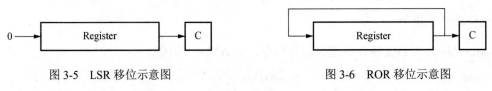

图 3-5　LSR 移位示意图　　　　　　图 3-6　ROR 移位示意图

```
RRX Rd, Rn                ;{C, Rd}={Rn, C}，带进位逻辑右移
```

RRX 移位示意图如图 3-7 所示。

4. 数据转换指令（扩展和反转）

在 Cortex-M4 处理器中，有许多指令用来处理有符号和无符号的扩展数据。例如，将 8 位数转换至 16 位，或将 16 位数转换至 32 位。该指令的 16 位形式只能访问低寄存器（R0～R7）。

```
SXTB Rd, Rm               ;Rd=signed_extend(Rn[7:0]) 带符号扩展
SXTH Rd, Rm               ;Rd=signed_extend(Rn[15:0]) 带符号扩展
UXTB Rd, Rm               ;Rd=unsigned_extend(Rn[7:0])无符号扩展
UXTH Rd, Rm               ;Rd=unsigned_extend(Rn[15:0]) 无符号扩展
```

另一组数据转换指令是在寄存器中反转字节序。

```
REV Rd, Rn                ;Rd=rev(Rn)在字中反转字节序
```

REV 作用示意图如图 3-8 所示。

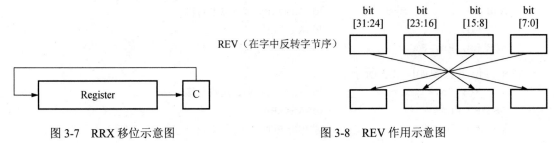

图 3-7　RRX 移位示意图　　　　　　图 3-8　REV 作用示意图

```
REV16 Rd, Rn              ;Rd=rev16(Rn) 在半字中反转字节序
```

REV16 作用示意图如图 3-9 所示。

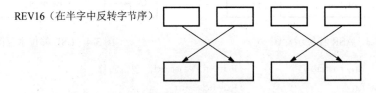

图 3-9　REV16 作用示意图

```
REVSH Rd, Rn              ;Rd=revsh(Rn) 在低半字中反转字节序，并作带符号扩展
```

5. 位域操作指令

为了使 Cortex-M4 处理器更好地控制应用程序，这些处理器通常会支持位域操作。位域操作的相关指令如下：

```
BFC Rd, #<lsb>, #<width>              ;寄存器位域清零
BFI Rd, Rn, #<lsb>, #<width>          ;将位域插入寄存器
CLZ Rd, Rm                            ;计数前导入零
RBIT Rd, Rn                           ;反转寄存器中位次序
SBFX Rd, Rn, #<lsb>, #<width>         ;复制源寄存器位域并对其进行带符号扩展
UBFX Rd, Rn, #<lsb>, #<width>         ;复制源寄存器的位域
```

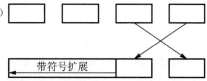

REVSH(在低半字中反转字节序,并作带符号扩展)

图 3-10 REVSH 作用示意图

3.3.4 比较与测试指令

Cortex-M4 处理器还有比较与测试指令,它们的目的是更新标志位,因此会影响标志位。

1. CMP 指令

CMP 指令在内部做两个数的减法,并根据差来设置标志位,但是不把差写回。CMP 可有如下的形式:

```
CMP R0, R1                  ;计算 R0-R1 的差,并根据结果更新标志位
CMP R0, 0x12                ;计算 R0-0x12 的差,并根据结果更新标志位
```

2. CMN 指令

CMN 指令在内部做两个数的加法(相当于减去减数的相反数),如下所示:

```
CMN R0, R1                  ;计算 R0+R1 的和,并根据结果更新标志位
CMN R0, 0x12                ;计算 R0+0x12 的和,并根据结果更新标志位
```

3. TST 指令

TST 指令的内部其实就是 AND 指令,只是不写回运算结果,但是它无条件更新标志位。它的用法和 CMP 的相同。

```
TST R0, R1                  ;计算 R0&R1,并根据结果更新标志位
TST R0, 0x12                ;计算 R0&0x12,并根据结果更新标志位
```

4. TEQ 指令

TEQ 指令的内部其实就是 EOR 指令,只是不写回运算结果,但是它无条件更新标志位。它的用法和 CMP 的相同。

```
TEQ R0, R1                  ;计算 R0^R1,并根据结果更新标志位
TEQ R0, 0x12                ;计算 R0^0x12,并根据结果更新标志位
```

3.3.5 程序流程控制指令

程序流程控制包括无条件跳转、函数调用、条件跳转、条件执行（IF-THEN 指令）和查表跳转几种类型的指令。

1. 无条件跳转指令

下面一些指令可进行跳转操作。
（1）跳转指令（如 B、BX）。
（2）更新 R15（PC）的数据处理指令（如 MOV、ADD）。
（3）写入 R15（PC）的存储器读取指令（如 LDR、LDM、POP）。

一般情况下，可以使用上述任一指令来进行跳转操作，但更常使用的是 B、BX 和 POP 指令（通常用作函数返回）。

基本的无条件转移指令有以下两种形式：

```
B Label                 ;跳转到 Label 处对应的地址
BX reg                  ;跳转到由寄存器 reg 给出的地址
```

在 BX 中，reg 的最低位指示出在跳转后，将进入的状态是 ARM（LSB=0）还是 Thumb（LSB=1）。因为 Cortex-M 微处理器只在 Thumb 中运行，所以必须保证 reg 的 LSB=1，否则会出错。

2. 函数调用

调用子程序时，需要保存返回地址，对应的指令如下：

```
BL Label                ;转移到 Label 处对应的地址
                        ;并且把转移前的下条指令地址保存到 LR
BLX reg                 ;转移到由寄存器 reg 指向的地址，根据 REG 的 LSB 切换
                        ;处理器状态，并且把转移前的下条指令地址保存到 LR
                        ;执行跳转的同时将返回地址保存到连接寄存器(LR)，在函数
                        ;调用完成后，处理器可以返回程序原来的执行处
```

当这些指令被执行时，会进行以下操作：
（1）程序计数器被设置为跳转目标地址。
（2）更新连接寄存器（LR/R14）来保存返回地址，返回地址就是执行完 BL/BLX 指令后即将执行的指令地址。
（3）如果指令是 BLX，则使用寄存器的 LSB 来更新 EPSR 的 Thumb 位，从而保存跳转目标地址。在 BLX 操作中，由于 Cortex-M3 和 Corbex-M4 处理器只支持 Thumb 状态，因此寄存器的 LSB 必须设置为 1，否则处理器会尝试切换到 ARM 状态，并将导致故障异常。

3. 条件跳转指令

条件指令的执行基于 APSR 中的 N、Z、C、V 4 个标志位，见表 3-13。APSR 标志位会受以下因素影响：

(1) 大多数 16 位数据处理指令。
(2) 32 位有 S 后缀的数据处理指令，如 ADDS.W。
(3) 比较（如 CMP）和测试（如 TST、TEQ）。
(4) 直接写入 APSR/xPSR。

表 3-13 NVIC 的作用

标志位	位	作用
N	31	负数（上一次操作的结果是个负数）。N=操作结果的 MSB
Z	30	零（上次操作的结果是 0）。当数据操作指令的结果为 0，或比较/测试的结果为 0 时，Z 置位
C	29	进位（上次操作导致进位）。C 用于无符号数据处理，最常见的就是当加法进位及减法无借位时 C 被置位。此外，C 还充当移位指令的中介
V	28	溢出（上次操作结果导致数据的溢出）。该标志用于带符号的数据处理。例如，在两个正数上执行 ADD 运算后，和的 MSB 为 1（视作负数），则 V 置位

另一个标志位 bit[27]，称为 Q 标志，它用于饱和运算，而不用于条件跳转。

条件跳转指令所需的条件由后缀（如<cond>）来表示。条件分支指令有 16 位和 32 位版本，具有不同的跳转范围，具体见表 3-14。

表 3-14 条件跳转指令

指令	功能描述
B<cond> <label>	如果条件为真的话，就跳转到 label 处
B<cond>.W <label>	CMP R0, #1 BEQ loop ;如果 R0 等于 1，则跳转至 loop 如果跳转范围超过所需范围的±254 字节，则需要指定 B.W 使用 32 位的跳转指令来获得更宽的范围

下面的程序段就是使用条件跳转和简单的跳转指令来实现分支结构的实例。

```
CMP R0, #1          ;与比较寄存器 R0 与数 1
BEQ p2              ;如果相同，则跳转至标号 p2 处
MOVS R3, #1         ;如果不同，则 R3=1，且更新标志位
B p3                ;直接跳转至标号 p3 处
p2                  ;标号 p2
MOVS R3, #2
p3                  ;标号 p3
...                 ;其他执行指令
```

4. IF-THEN 指令块

IF-THEN（IT）指令围起一个块，其中最多有 4 条指令，它里面的指令可以条件执行。使用形式如下：

```
IT <cond>               ;围起 1 条指令的 IF-THEN 块
IT<x> <cond>            ;围起 2 条指令的 IF-THEN 块
IT<x><y> <cond>         ;围起 3 条指令的 IF-THEN 块
IT<x><y><z> <cond>      ;围起 4 条指令的 IF-THEN 块
```

其中，<x>、<y>、<z>的取值可以是 T 或 E。IT 已经带了一个 T，因此最多还可以再带 3 个 T 或 E，且对 T 和 E 的顺序没有要求，且 T 对应条件成立时执行的语句，E 对应条件不成立时执行的语句。在 IF-THEN 块中的指令必须加上条件后缀，且 T 对应的指令必须使用和 IT 指令中相同的条件，E 对应的指令必须使用和 IT 指令中相反的条件。

例如，要实现如下的功能：

```
if(R0==R1)
{  R3=R4+R5;
   R3=R3/2;
}
else
{  R3=R6+R7;
   R3=R3/2;
}
```

可以写作：

```
CMP R0, R1              ;比较 R0 和 R1
ITTEE
ADDEQ R3, R4, R5        ;相等时加法 EQ,如果 R0==R1,THEN-THEN-ELSE-ELSE
ASREQ R3, R3, #1        ;相等时算术右移
ADDNE R3, R6, R7        ;不等时加法
ASRNE R3, R3, #1        ;不等时算术右移
```

5. 查表跳转

Cortex-M3 和 Cortex-M4 处理器支持 TBB（查表跳转字节范围的偏移量）和 TBH（查表跳转半字范围的偏移量）两个查表跳转指令。这些指令常用在 C 语言代码中实现语句转换。由于程序计数器 0 位的值始终为零，使用查表跳转指令时不需要存储 0 位，因此跳转偏移量是目标地址乘 2 后计算所得。

TBB 用于以字节为单位的查表转移，从一个字节数组中选 8 位前向跳转地址并转移。TBH 用于以半字为单位的查表转移，从一个半字数组中选 16 位前向跳转地址并转移。由于 Cortex-M 处理器的指令至少是按半字对齐的，因此其表中的数值都是在左移一位后才作为前向跳转的偏移量的。又因为 PC 的值为当前地址+4，所以 TBB 的跳转范围可达 255×2+4=514；TBH 的跳转范围更可高达 65535×2+4=128KB+2。

TBB 的语法格式如下：

```
TBB [Rn, Rm ]
```

例如：

```
TBB [pc, r0]  ;由于 TBB 指令长度是 32 位,因此执行此指令时,PC 的值正好等于 branchtable
branchtable                    ;开始跳转表
DCB ((dest0 e branchtable)/2)  ;注意,因为数值是 8 位的,故使用 DCB 指示字
DCB ((dest1 e branchtable)/2)
DCB ((dest2 e branchtable)/2)
DCB ((dest3 e branchtable)/2)
```

```
dest0
 . ;r0=0 时执行
dest1
 . ;r0=1 时执行
dest2
 . ;r0=2 时执行
dest3
 . ;r0=3 时执行
```

TBH 指令的操作与 TBB 非常相似,只不过跳转表中的每个元素都是 16 位,TBH 的语法格式稍有不同。

```
TBH [Rn, Rm, LSL #1]
```

例如:

```
TBH [pc, r0, LSL #1]
branchtable                      ;开始跳转表
DCI ((dest0 e branchtable)/2)    ;注意,因为数值是 16 位的,故使用 DCI 指示字
DCI ((dest1 e branchtable)/2)
DCI ((dest2 e branchtable)/2)
DCI ((dest3 e branchtable)/2)
dest0
 . ;r0=0 时执行
dest1
 . ;r0=1 时执行
dest2
 . ;r0=2 时执行
dest3
 . ;r0=3 时执行
```

3.3.6 异常相关指令

一个与异常相关的指令为 SVC 指令。SVC 指令是用来生成 SVC 异常的(异常类型 11)。通常情况下,一个运行在非特权执行状态下的应用任务可以向运行在特权执行状态下的操作系统请求服务,SVC 异常机制用来提供非特权级向特权级的转变。SVC 指令的语法如下:

```
SVC #<immed>
```

立即数的值是 8 位,值本身不影响 SVC 异常的行为,但 SVC 处理程序可以从软件中提取一个值,并把它作为一个输入参数使用。例如,利用这个值来确定应用任务所请求的服务。

另一个与异常相关的指令是 CPS(Change Processor State)指令。对于 Cortex-M 处理器,用户可以使用这个指令设置或清除中断屏蔽寄存器(如 PRIMASK 和 FAULTMASK)。需注意的是,这些寄存器也可以使用 MSR 和 MRS 指令访问。

CPS 指令必须使用 IE(中断使能)或 ID(中断禁用)中的一个作为后缀。由于 Cortex-M3 和 Cortex-M4 处理器有多个中断屏蔽寄存器,因此需明确指定要设置或清除哪个中断屏蔽寄存器。Cortex-M4 处理器的 CPS 指令示例见表 3-15。

表 3-15 Cortex-M4 处理器的 CPS 指令示例

指令	功能
CPSIE I	PRIMASK=0,开中断
CPSID I	PRIMASK=1,关中断
CPSIE F	FAULTMASK=0,开异常
CPSID F	FAULTMASK=1,关异常

3.3.7 饱和运算指令

饱和经常被用在信号处理中。例如,经过一定的操作(如放大)之后,信号的幅度可以超过最大允许输出范围,如果该值通过简单地切断最高有效位(MSB)来调整,则所产生的信号波形会完全失真,如图 3-11 所示。饱和运算通过将信号的值控制在最大允许范围内,从而减少了失真。虽然失真仍存在,但只要信号的值不超过最大允许范围太多,失真是不明显的。

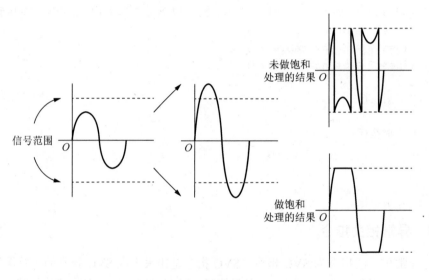

图 3-11 饱和运算作用示意图

Cortex-M 处理器支持两个指令,这两个指令提供了有符号数据和无符号数据的饱和度调整,它们分别是 SSAT(针对有符号数据)和 USAT(针对无符号数据)。Cortex-M4 处理器也支持这两个指令,此外,还支持饱和算法指令。SSAT 和 USAT 指令的语法如下:

```
SSAT <Rd>, #<immed>, <Rn>, {,<shift>}     ;以有符号数的边界进行饱和运算
USAT <Rd>, #<immed>, <Rn>, {,<shift>}     ;以无符号数的边界进行饱和运算
```

3.3.8 存储器隔离指令

隔离指令在一些结构比较复杂的存储器系统中是需要的,在这类系统中,如果没有必要的隔离,会导致系统发生紊乱现象。存储器隔离指令可用于以下情况:
(1)强制改变存储器访问次序。

（2）在存储器访问和其他处理器操作之间强制地改变运行次序。
（3）在执行之后的操作之前，保证系统配置发生变化。

Cortex-M4 处理器支持 3 种存储器隔离指令，见表 3-16。

表 3-16　存储器隔离指令的功能描述

指令名	功能描述
DMB	数据存储器隔离。DMB 指令保证，仅当所有在它前面的存储器访问操作都执行完毕后，才提交（commit）在它后面的存储器访问操作
DSB	数据同步隔离。比 DMB 严格，仅当所有在它前面的存储器访问操作都执行完毕后，才执行在它后面的指令
ISB	指令同步隔离。最严格，它会清洗流水线，以保证所有它前面的指令都执行完毕之后，才执行它后面的指令

由于 Cortex-M 处理器具有相对简单的管道，并且 AHB-Lite 总线协议不允许在存储系统中重新安排传输次序，因此大多数应用程序的运行不需要存储器隔离指令。然而，在某些情况下，是需要存储器隔离指令的。MSR 指令更新控制寄存器后，应采用 ISB 指令确保更新的配置可用于后续操作。

3.4　Cortex-M4 特有指令

相比于 Cortex-M3 处理器，Cortex-M4 处理器还支持一些额外的指令，如 SIMD、饱和指令、单周期乘法累加指令（MAC）、打包和解包指令等。

3.4.1　SIMD 和饱和指令

Cortex-M4 处理器中有许多 SIMD 和饱和指令，其中一些饱和指令也支持 SIMD。许多 SIMD 指令具有类似的操作，但其不同的前缀可用来区分传输的数据是有符号还是无符号。

SIMD 指令的基本操作数见表 3-17。

表 3-17　SIMD 指令的基本操作数

操作数	功能
ADD8	加 4 对 8 位数据
SUB8	减 4 对 8 位数据
ADD16	加 2 对 16 位数据
SUB16	减 2 对 16 位数据
ASX	交换第 2 个操作数寄存器的半字，再加高半字，减低半字
SAX	交换第 2 个操作数寄存器的半字，再减高半字，加低半字

额外的 SIMD 指令见表 3-18。

表 3-18　额外的 SIMD 指令

操作数	功能
USAD8	4 对 8 位数据差值的绝对值无符号求和
USADA8	4 对 8 位数据差值的绝对值无符号求和

续表

操作数	功能
USAT16	无符号 16 位饱和
SSAT16	有符号 16 位饱和
SEL	从第 1 个或第 2 个基于 GE 标志的操作数中选择字节

还有一些饱和指令不属于 SIMD 指令，见表 3-19。

表 3-19　额外的非 SIMD 指令

操作数	功能
SSAT	有符号饱和指令
USAT	无符号饱和指令
QADD	饱和加法指令
QDADD	饱和乘 2 加法指令
QSUB	饱和减法指令
QDSUB	饱和乘 2 减法指令

3.4.2　乘法和乘加指令

Cortex-M4 处理器中也有许多乘法和乘加指令。本节中，我们将讨论一些可供使用的乘法和乘加指令。

1. MUL、MLA 和 MLS 指令

MUL、MLA 和 MLS 指令适用有符号或无符号 32 位操作数的乘法、乘加和乘减，结果取低 32 位。其语法如下：

```
MUL{S}{cond} {Rd}, Rn, Rm
MLA{S}{cond} Rd, Rn, Rm, Ra
MLS{cond} Rd, Rn, Rm, Ra
```

其中：cond——一个可选的条件代码；
　　　S——一个可选的后缀，如果指定 S，则会更新运算结果的条件代码标记；
　　　Rd——目标寄存器；
　　　Rn、Rm——存放乘数的寄存器；
　　　Ra——存放被加数和被减数的寄存器。
这 3 个指令的用法如下：
（1）MUL 指令可将 Rn 和 Rm 中的值相乘，并将所得结果的低 32 位存入 Rd。
（2）MLA 指令可先将 Rn 和 Rm 中的值相乘，再将乘积与 Ra 中的值相加，最后将所得和的低 32 位存入 Rd。
（3）MLS 指令可将 Rn 和 Rm 中的值相乘，再从 Ra 中的值中减去乘积，最后将所得差的低 32 位存入 Rd。
注意：不要将 R15 用作 Rd、Rn、Rm 或 Ra。

2. UMULL、UMLAL、SMULL 和 SMLAL 指令

UMULL、UMLAL、SMULL 和 SMLAL 指令采用 32 位操作数及 64 位结果，表示累加器的有符号长乘法与无符号长乘法（可选择进行累加）。其语法如下：

```
Op{S}{cond} RdLo, RdHi, Rn, Rm
```

其中：Op——UMULL、UMLAL、SMULL 或 SMLAL 之一；
   S——一个可选后缀，仅可用于 ARM 状态，如果指定 S，则会更新运算结果的条件代码标记；
   cond——一个可选的条件代码；
   RdLo、RdHi——目标寄存器，对于 UMLAL 和 SMLAL，它们还用于存放累加值。

注意：RdLo 和 RdHi 必须为不同的寄存器，Rn、Rm 是存放操作数的 ARM 寄存器。不要将 R15 用作 RdHi、RdLo、Rn 或 Rm。

指令的用法如下：

（1）UMULL 指令会将 Rn 和 Rm 中的值解释为无符号整数。它会先求这两个整数的乘积，然后将结果的低 32 位存入 RdLo，高 32 位存入 RdHi。

（2）UMLAL 指令会将 Rn 和 Rm 中的值解释为无符号整数。它会先求这两个整数的乘积，然后将 64 位结果与 RdHi 和 RdLo 中所包含的 64 位无符号整数相加。

（3）SMULL 指令会将 Rn 和 Rm 中的值解释为有符号整数的二进制补码。它会先求这两个整数的乘积，然后将结果的低 32 位存入 RdLo，高 32 位存入 RdHi。

（4）SMLAL 指令会将 Rn 和 Rm 中的值解释为有符号整数的二进制补码。它先求这两个整数的乘积，然后将 64 位结果与 RdHi 和 RdLo 中的 64 位有符号整数相加。

3. SMULWy 和 SMLAWy 指令

SMULWy 和 SMLAWy 指令表示有符号扩大乘法和有符号扩大乘加，采用一个 32 位操作数和一个 16 位操作数，结果取高 32 位。其语法如下：

```
SMULW<y>{cond} {Rd}, Rn, Rm
SMLAW<y>{cond} Rd, Rn, Rm, Ra
```

其中：<y>——B 或 T，B 表示使用 Rm 的低 16 位（位[15:0]），T 表示使用 Rm 的高 16 位（位[31:16]）；
   cond——一个可选的条件代码；
   Rd——目标寄存器，Rn、Rm 存放要相乘的值的寄存器；
   Ra——存放要相加的值的寄存器。

指令的用法如下：

（1）SMULW<y>可将选自 Rm 的 16 位有符号整数与 Rn 中的有符号整数相乘，并将 48 位结果的高 32 位存入 Rd。

（2）SMLAW<y>可将选自 Rm 的 16 位有符号整数与 Rn 中的有符号整数相乘，并将 32 位结果与 Ra 中的 32 位值相加，结果存入 Rd。

4. SMLALxy 指令

SMLALxy 指令表示有符号乘加,采用 16 位操作数和 64 位累加器。其语法如下:

```
SMLAL<x><y>{cond} RdLo, RdHi, Rn, Rm
```

其中:<x>——B 或 T,B 表示使用 Rn 的低 16 位(位[15:0]),T 表示使用 Rn 的高 16 位(位[31:16]);
   <y>——B 或 T,B 表示使用 Rm 的低 16 位(位[15:0]),T 表示使用 Rm 的高 16 位(位[31:16]);
   cond——一个可选的条件代码;
   RdHi、RdLo——目标寄存器,它们也存放累加值,RdHi 和 RdLo 必须为不同的寄存器;
   Rn、Rm——存放要相乘的值的寄存器。

指令的用法如下:SMLALxy 可将选自 Rm 的 16 位有符号整数与选自 Rn 的 16 位有符号整数相乘,然后将 32 位乘积结果与 RdHi 和 RdLo 中的 64 位值相加。

5. SMUAD{X}和 SMUSD{X}指令

SMUAD{X}和 SMUSD{X}指令表示先做两次 16 位有符号乘法,然后将两个乘积相加或相减,可选择交换操作数的高半字和低半字。其语法如下:

```
op{X}{cond} {Rd}, Rn, Rm
```

其中:op——SMUAD 或 SMUSD 之一;
   X——一个可选的参数,如果有 X,则在相乘之前,会先交换第 2 个操作数的高半字和低半字;
   cond——一个可选的条件代码;
   Rd——目标寄存器;
   Rn、Rm——存放操作数的寄存器。

指令的用法如下:

(1) SMUAD 可先将 Rn 的低半字与 Rm 的低半字相乘,Rn 的高半字与 Rm 的高半字相乘,然后将两个乘积相加,并将结果存入 Rd。

(2) SMUSD 可先将 Rn 的低半字与 Rm 的低半字相乘,Rn 的高半字与 Rm 的高半字相乘,然后从第 1 个乘积中减去第 2 个乘积,并将差值存入 Rd。

6. SMMUL、SMMLA 和 SMMLS 指令

SMMUL、SMMLA 和 SMMLS 指令表示有符号高字乘法、有符号高字乘加和有符号高字乘减。这些指令的操作数为 32 位,结果仅取高 32 位。其语法如下:

```
SMMUL{R}{cond} {Rd}, Rn, Rm
SMMLA{R}{cond} Rd, Rn, Rm, Ra
SMMLS{R}{cond} Rd, Rn, Rm, Ra
```

其中:R——一个可选的参数,如果存在 R,则对结果进行舍入,否则将其截断;

cond——一个可选的条件代码；

Rd——目标寄存器；

Rn、Rm——存放操作数的寄存器；

Ra——存放被加数和被减数的寄存器。

指令的用法如下：

(1) SMMUL 可先将 Rn 和 Rm 中的值相乘，然后将 64 位结果的高 32 位存入 Rd。

(2) SMMLA 可先将 Rn 和 Rm 中的值相乘，然后将 Ra 中的值与乘积的高 32 位相加，将结果存入 Rd。

(3) SMMLS 可先将 Rn 和 Rm 中的值相乘，然后将 Ra 中的值左移 32 位，从移位后的值中减去乘积，最后将差的高 32 位存入 Rd。

如果指定了可选参数 R，则在截取结果的高 32 位前，会先加上 0x80000000，对结果的舍入有影响。

7. SMLAD 和 SMLSD 指令

SMLAD 和 SMLSD 指令表示两次 16 位有符号乘法，对乘积相加或相减并进行 32 位累加。其语法如下：

```
op{X}{cond} Rd, Rn, Rm, Ra
```

其中：op——SMLAD 或 SMLSD 之一；

cond——一个可选的条件代码；

X——一个可选的参数，如果有 X，则在相乘之前，会先交换第 2 个操作数的高半字和低半字；

Rd——目标寄存器；

Rn、Rm——存放操作数的寄存器；

Ra——存放累加操作数的寄存器。

指令的用法如下：

(1) SMLAD 可先将 Rn 的低半字与 Rm 的低半字相乘，将 Rn 的高半字与 Rm 的高半字相乘，然后将两个乘积与 Ra 中的值相加，并将和存入 Rd。

(2) SMLSD 可先将 Rn 的低半字与 Rm 的低半字相乘，将 Rn 的高半字与 Rm 的高半字相乘，然后从第 1 个乘积中减去第 2 个乘积，接着将所得的差与 Ra 中的值相加，最后将结果存入 Rd。

8. MIA、MIAPH 和 MIAxy 指令

(1) MIA 指令表示带内部累加的乘法（32 位乘 32 位，40 位累加）。

(2) MIAPH 指令表示带内部累加的乘法，组合半字（16 位乘 16 位两次，40 位累加）。

(3) MIAxy 指令表示带内部累加的乘法（16 位乘 16 位，40 位累加）。

其语法如下：

```
MIA{cond} Acc, Rn, Rm
```

```
MIAPH{cond} Acc, Rn, Rm
MIA<x><y>{cond} Acc, Rn, Rm
```

其中：cond——一个可选的条件代码；

  Acc——内部累加器，标准名称为 accx，其中 x 为 0~n 范围内的整数，n 的值取决于处理器，在目前的处理器中它是 0；

  Rn、Rm——存放要相乘的值的 ARM 寄存器；

  <x><y>——BB、BT、TB、TT 中的一个。

指令的用法如下：

（1）MIA 指令可先将 Rn 和 Rm 中的两个有符号整数值相乘，然后将乘积与 Acc 中的 40 位值相加。

（2）MIAPH 指令可先将 Rn 和 Rm 的低半部有符号整数相乘，将 Rn 和 Rm 的高半部有符号整数相乘，然后将两个 32 位乘积与 Acc 中的 40 位值相加。

（3）MIAxy 指令可先将选自 Rs 的 16 位有符号整数与选自 Rm 的 16 位有符号整数相乘，然后将 32 位乘积与 Acc 中的 40 位值相加。<x> == B 表示使用 Rn 的低 16 位（位[15:0]），<x> == T 表示使用 Rn 的高 16 位（位[31:16]）。<y> == B 表示使用 Rm 的低 16 位（位[15:0]），<y> == T 表示使用 Rm 的高 16 位（位[31:16]）。

3.4.3 打包和解包指令

在 Cortex-M4 处理器中，有一些指令可以用来打包和解包 SIMD 数据，见表 3-20。

表 3-20 打包和解包指令

指令	操作数	功能描述
PKHBT	{Rd,} Rn, Rm{,LSL #imm}	将 Rn 的位 [15:0] 与移位后的 Rm 值的位 [31:16] 进行组合
PKHTB	{Rd,} Rn, Rm{,ASR #imm}	将 Rn 的位 [31:16] 与移位后的 Rm 值的位 [15:0] 进行组合
SXTB	Rd,Rm {,ROR #n}	从 Rm 中提取字节[7:0]，传送到 Rd 中，并用符号位扩展到 32 位
SXTH	Rd,Rm {,ROR #n}	从 Rm 中提取半字[15:0]，传送到 Rd 中，并用符号位扩展到 32 位
UXTB	Rd,Rm {,ROR #n}	从 Rm 中提取字节[7:0]，传送到 Rd 中，并用零位扩展到 32 位
UXTH	Rd,Rm {,ROR #n}	从 Rm 中提取半字[15:0]，传送到 Rd 中，并用零位扩展到 32 位
SXTB16	Rd,Rm {,ROR #n}	从 Rm 中提取字节[7:0]，传送到 Rd 中，并用符号位扩展到 Rd[15:0]位；从 Rm 中提取字节[23:16]，传送到 Rd 中，并用符号位扩展到 Rd [31:16]位
UXTB16	Rd,Rm {,ROR #n}	从 Rm 中提取字节[7:0]，传送到 Rd 中，并用零位扩展到 Rd [15:0]位；从 Rm 寄存器中提取字节[23:16]，传送到 Rd 中，并用零位扩展到 Rd [31:16]
SXTAB	{Rd,} Rn, Rm{,ROR #n}	从 Rm 中提取字节[7:0]，并用符号位扩展到 32 位，再加上 Rn 的值传送到 Rd 中
SXTAH	{Rd,} Rn, Rm{,ROR #n}	从 Rm 中提取半字[15:0]，并用符号位扩展到 32 位，再加上 Rn 的值传送到 Rd 中

续表

指令	操作数	功能描述
SXTAB16	{Rd,} Rn, Rm{,ROR #n}	从 Rm 中提取字节[7:0]，并用符号位扩展到[15:0]位，再加上 Rn[15:0]的值传送到 Rd[15:0]；从 Rm 中提取字节[23:16]，并用符号位扩展到[31:16]位，传送到 Rd[31:16]中
UXTAB	{Rd,} Rn, Rm{,ROR #n}	从 Rm 中提取字节[7:0]，并用零位扩展到 32 位，再加上 Rn 的值传送到 Rd 中
UXTAH	{Rd,} Rn, Rm{,ROR #n}	从 Rm 中提取半字[15:0]，并用零位扩展到 32 位，再加上 Rn 的值传送到 Rd 中
UXTAB16	{Rd,} Rn, Rm{,ROR #n}	从 Rm 中提取字节[7:0]，并用零位扩展到[15:0]位，再加上 Rn[15:0]的值传送到 Rd[15:0]；从 Rm 中提取字节[23:16]，并用零位扩展到[31:16]位，传送到 Rd[31:16]中

思 考 题

1. 简述 ARM 处理器指令集的特点。
2. ARM 处理器指令集的寻址方式有哪些？
3. 简述堆栈寻址方式的分类，并分析 8086CPU 属于哪一种堆栈。
4. 编写指令实现以下功能：
（1）将数值 0x80 存入 R6；
（2）将寄存器 APSR 读取存入 R5；
（3）将数值 0.5 存入 S2，并更新标志位；
（4）将数值 0x12345678 存入 R2。
5. 编写存储器访问指令实现以下功能：
（1）从存储器地址 [R2+16] 中取有符号半字数送入 R2，并将 R2 更新为 R2+16；
（2）将 R0 中的字数据存入地址为[R1+R2×4]的存储单元中；
（3）从存储器地址[R6]中取 1 字节数值，送入 R5 中，并将 R6 更新为 R6+0x22；
（4）将 PC+6 指向的存储器的字数据送入 R1 中。
6. 采用两种指令编写实现将寄存器 R2、R4、R5、R6、R8 内容进栈保护。
7. 分别使用条件跳转指令和 IT 指令编写程序段实现以下功能：比较寄存器 R0 与 R1，相等时，R0 逻辑右移 2 位，R1 循环右移 2 位；不等时，R0 算术右移 2 位，R1 带进位循环右移 2 位。
8. 编写程序段实现两个双字数据的相减。
9. 编写程序段实现一个存储器中字数据的高半字与低半字的互换，设定字数据存储地址为寄存器 R4。
10. 编写程序段不使用乘法指令实现将寄存器 R6 的内容乘以 9，并将其结果存入寄存器 R7 内。

第 4 章

ARM 程序设计基础

本章首先介绍了 ARM 汇编语言的语句格式、符号与表达式，接着详细讲解了所支持的各种常用伪指令，最后阐述了嵌入系统的汇编程序结构。

本章主要内容如下：
（1）ARM 汇编语言的语句格式；
（2）ARM 汇编器支持的伪指令；
（3）汇编语言的程序结构。

4.1 ARM 汇编语言的语句格式

ARM 与 Thumb 汇编语言的语句格式如下：

{标号} {指令或伪指令} {;注释}

需要注意的是，每一条指令的助记符可以全部用大写，或全部用小写，但不可以在一条指令中大、小写混用。另外，若一条语句太长，可将其分为若干行来书写，在行末用续行符（\）表示下一行与本行为同一条语句。

4.1.1 汇编语言程序中的符号

汇编语言程序设计中，经常使用各种符号代替地址、变量和常量等，以增加程序的可读性。符号的命名必须遵循以下的约定：
（1）符号在其作用范围内必须唯一。
（2）符号名不能与系统的保留字相同。
（3）符号名不应与指令或伪指令同名。
（4）符号区分大小写，同名的大、小写符号会被认为是两个不同的符号。

1. 符号常量

程序中的常量是指其值在程序的运行过程中不能被改变的量。ARM（Thumb）汇编程序所支持的常量有数字常量、逻辑常量和字符串常量。
（1）数字常量一般为 32 位的整数，当作为无符号数时，其取值范围为 $0 \sim 2^{32}-1$；当作为有符号数时，其取值范围为$-2^{31} \sim 2^{31}-1$。

（2）逻辑常量只有真或假两种取值情况。

（3）字符串常量为一个固定的字符串。

2. 符号变量

程序中的变量是指其值在程序的运行过程中可以改变的量。ARM（Thumb）汇编程序所支持的变量有数字变量、逻辑变量和字符串变量。

（1）数字变量用于在程序的运行中保存数字值，但注意数字值的大小不应超出数字变量所能表示的范围。

（2）逻辑变量用于在程序的运行中保存逻辑值，逻辑值只有真或假两种取值情况。

（3）字符串变量用于在程序的运行中保存一个字符串，但注意字符串的长度不应超出字符串变量所能表示的范围。

在 ARM（Thumb）汇编语言程序设计中，全局变量由 GBLA、GBLL、GBLS 伪指令声明，局部变量由 LCLA、LCLL、LCLS 伪指令声明，并使用 SETA、SETL 和 SETS 伪指令对其进行初始化。

3. 变量的代换

程序中的变量可通过代换操作取得一个常量，代换操作符为"$"。

（1）代换操作符放在数字变量前，编译器会将该数字变量的值转换为十六进制的字符串，并将该十六进制的字符串代换"$"后的数字变量。

（2）代换操作符放在逻辑变量前，编译器会将该逻辑变量代换为它的取值（真或假）。

（3）代换操作符放在字符串变量前面，编译器会将该字符串变量的值代换"$"后的字符串变量。

例如：

```
LCLS   S1                          ;定义局部字符串变量 S1 和 S2
LCLS   S2
S1     SETS   "Test!"
S2     SETS   "This is a $S1"      ;字符串变量 S2 的值为"This is a Test!"
```

4.1.2 汇编语言程序中的表达式和运算符

在汇编语言程序设计中，会经常使用各种表达式，表达式一般由变量、常量、运算符和括号构成。常用的表达式有算术运算表达式、移位运算表达式、位逻辑运算表达式、关系运算表达式、逻辑运算表达式和字符串表达式等，其运算次序遵循如下的优先级：

（1）优先级相同的双目运算符的运算顺序为从左到右。

（2）相邻单目运算符的运算顺序为从右到左，且单目运算符的优先级高于其他运算符。

（3）括号运算符的优先级最高。

1. 算术运算符及表达式

算术表达式一般由数字常量、数字变量、数字运算符和括号构成。相关的运算符有"+""-""×""/""MOD"算术运算符，分别代表加、减、乘、除和取余数运算。

例如，以 X 和 Y 表示两个数字表达式，则各算术运算符的使用如下：

  X+Y   ;表示 X 与 Y 的和
  X-Y   ;表示 X 与 Y 的差
  X×Y   ;表示 X 与 Y 的乘积
  X/Y   ;表示 X 除以 Y 的商
  X:MOD:Y   ;表示 X 除以 Y 的余数

2. 移位运算符及表达式

移位运算符包括"ROL""ROR""SHL""SHR"4 种，分别代表循环左移、循环右移、左移、右移运算。

例如，以 X 和 Y 表示两个数字表达式，则各移位运算符的使用如下：

  X:ROL:Y   ;表示将 X 循环左移 Y 位
  X:ROR:Y   ;表示将 X 循环右移 Y 位
  X:SHL:Y   ;表示将 X 左移 Y 位
  X:SHR:Y   ;表示将 X 右移 Y 位

3. 位逻辑运算符及表达式

位逻辑运算符包括"AND""OR""NOT""EOR"4 种，分别代表按位作逻辑与、或、非及异或运算。

例如，以 X 和 Y 表示两个数字表达式，则各位逻辑运算符的使用如下：

  X:AND:Y   ;表示将 X 和 Y 按位作逻辑与的操作
  X:OR:Y   ;表示将 X 和 Y 按位作逻辑或的操作
  :NOT:Y   ;表示将 Y 按位作逻辑非的操作
  X:EOR:Y   ;表示将 X 和 Y 按位作逻辑异或的操作

4. 关系运算符及表达式

关系运算符包括"="">""<"">=""<=""/=""<>"共 7 种，其表达式的运算结果为真或假。

例如，以 X 和 Y 表示两个逻辑表达式，则各关系运算符的使用如下：

  X=Y   ;表示 X 等于 Y
  X > Y   ;表示 X 大于 Y
  X < Y   ;表示 X 小于 Y
  X >= Y   ;表示 X 大于等于 Y
  X <= Y   ;表示 X 小于等于 Y
  X /= Y   ;表示 X 不等于 Y
  X <> Y   ;表示 X 不等于 Y

5. 逻辑运算符及表达式

逻辑运算符包括"LAND""LOR""LNOT""LEOR"4 种，分别代表逻辑与、或、非及异或运算。

例如，以 X 和 Y 表示两个逻辑表达式，则各逻辑运算符的使用如下：

```
X:LAND:Y              ;表示将 X 和 Y 作逻辑与的操作
X:LOR:Y               ;表示将 X 和 Y 作逻辑或的操作
:LNOT:Y               ;表示将 Y 作逻辑非的操作
X:LEOR:Y              ;表示将 X 和 Y 作逻辑异或的操作
```

6. 字符串运算符及表达式

字符串表达式一般由字符串常量、字符串变量、运算符和括号构成。编译器所支持的字符串最大长度为 512 字节。常用的与字符串表达式相关的运算符如下：

（1）LEN 运算符：返回字符串的长度（字符数），以 X 表示字符串表达式。

格式：　:LEN:X

（2）CHR 运算符：将 0~255 之间的整数转换为一个字符，以 M 表示某一个整数。

格式：　:CHR:M

（3）STR 运算符：将一个数字表达式或逻辑表达式转换为一个字符串。对于数字表达式，STR 运算符将其转换为一个以十六进制组成的字符串；对于逻辑表达式，STR 运算符将其转换为字符串"T"或"F"。

格式：　:STR:X

注意：X 为一个数字表达式或逻辑表达式。

（4）LEFT 运算符：返回某个字符串左端的一个子串。

格式：　X:LEFT:Y

注意：X 为源字符串，Y 为一个整数，表示要返回的字符个数。

（5）RIGHT 运算符：与 LEFT 运算符相对应，RIGHT 运算符返回某个字符串右端的一个子串。

格式：　X:RIGHT:Y

注意：X 为源字符串，Y 为一个整数，表示要返回的字符个数。

（6）CC 运算符：用于将两个字符串连接成一个字符串。

格式：　X:CC:Y

注意：X 为源字符串 1，Y 为源字符串 2，CC 运算符将 Y 连接到 X 的后面。

7. 其他常用运算符

（1）BASE 运算符：返回基于寄存器的表达式中寄存器的编号。

格式：　:BASE:X

注意：X 为与寄存器相关的表达式。

（2）INDEX 运算符：返回基于寄存器的表达式中相对于其基址寄存器的偏移量。

格式：　:INDEX:X

注意：X 为与寄存器相关的表达式。

（3）? 运算符：返回某代码行所生成的可执行代码的长度。

格式：　?X

注意：返回定义符号 X 的代码行所生成的可执行代码的字节数。

（4）DEF 运算符：判断是否定义某个符号。

格式：　:DEF:X

注意：如果符号 X 已经定义，则结果为真，否则为假。

4.2　ARM 汇编器支持的伪指令

在汇编语言程序中，有一些称为伪指令的特殊指令助记符，形式与一般指令相似，但两者有本质的区别：一般指令在程序运行时由 CPU 执行，而伪指令在源程序汇编时由汇编程序来处理；一般指令有相应的操作代码，而伪指令没有。伪指令在源程序中的作用是为完成汇编程序作各种准备工作，这些伪指令仅在汇编过程中起作用，一旦汇编结束，伪指令的使命完成。

ARM 汇编程序中，伪指令包括数据定义伪指令、符号定义伪指令、汇编结构伪指令、汇编控制伪指令及其他伪指令。

4.2.1　数据定义伪指令

数据定义（Data Definition）伪指令用来为数据分配存储单元，建立变量和存储单元之间的联系，并可实现已分配存储单元的初始化。常见的数据定义伪指令有如下几种：

1. 字节单元定义伪指令 DCB

格式：标号　DCB　表达式

功能：DCB 伪指令用于分配一片连续的字节存储单元并用伪指令中指定的表达式初始化。

注意：表达式可以为 0~255 的数字或字符串。DCB 可用 "=" 代替。

例如：

```
    Str  DCB  "This is a test!"      ;分配连续的字节存储单元并初始化
```

2. 半字单元定义伪指令 DCW（或 DCWU）

格式：标号　DCW（或 DCWU）　表达式

功能：DCW（或 DCWU）伪指令用于分配一片连续的半字存储单元并用伪指令中指定的表达式初始化。

注意：表达式可以为程序标号或数字表达式。用 DCW 分配的字存储单元是半字对齐的，而用 DCWU 分配的字存储单元并不严格半字对齐。

例如：

```
    DataTest DCW  0,1,2              ;分配连续的半字存储单元并初始化
```

3. 字单元定义伪指令 DCD（或 DCDU）

格式：标号　DCD（或 DCDU）　表达式

功能：DCD（或 DCDU）伪指令用于分配一片连续的字存储单元并用伪指令中指定的表达式初始化。

注意：表达式可以为程序标号或数字表达式。DCD 可用 "&" 代替。用 DCD 分配的字存储单元是字对齐的，而用 DCDU 分配的字存储单元并不严格字对齐。

例如：

```
DataTest    DCD  3,4,5              ;分配连续的字存储单元并初始化
```

4. 双精度数定义伪指令 DCFD（或 DCFDU）

格式：标号　DCFD（或 DCFDU）　表达式

功能：DCFD（或 DCFDU）伪指令用于为双精度浮点数分配一片连续的字存储单元并用伪指令中指定的表达式初始化。每个双精度浮点数占据两个字单元。

注意：用 DCFD 分配的字存储单元是字对齐的，而用 DCFDU 分配的字存储单元并不严格字对齐。

例如：

```
FDataTest   DCFD 3E15,-4E2          ;分配连续字存储单元并初始化为指定双精度数
```

5. 单精度数定义伪指令 DCFS（或 DCFSU）

格式：标号　DCFS（或 DCFSU）　表达式

功能：DCFS（或 DCFSU）伪指令用于为单精度浮点数分配一片连续的字存储单元并用伪指令中指定的表达式初始化。

注意：每个单精度浮点数占据一个字单元。用 DCFS 分配的字存储单元是字对齐的，而用 DCFSU 分配的字存储单元并不严格字对齐。

例如：

```
FDataTest   DCFS 5E13,-2E-4         ;分配连续字存储单元并初始化为指定单精度数
```

6. 双字单元定义伪指令 DCQ（或 DCQU）

格式：标号　DCQ（或 DCQU）　表达式

功能：DCQ（或 DCQU）伪指令用于分配一片以 8 字节为单位的连续存储区域并用伪指令中指定的表达式初始化。

注意：用 DCQ 分配的存储单元是字对齐的，而用 DCQU 分配的存储单元并不严格字对齐。

例如：

```
DataTest    DCQ  256                ;分配连续的存储单元并初始化为指定的值
```

7. 存储区域定义伪指令 SPACE

格式：标号　SPACE　表达式

功能：SPACE 伪指令用于分配一片连续的存储区域并初始化为 0。
注意：表达式为要分配的字节数。SPACE 可用 "%" 代替。
例如：

```
DataSpace SPACE 100        ;分配连续 100 字节的存储单元并初始化为 0
```

8. 首地址定义伪指令 MAP

格式：MAP 表达式{,基址寄存器}
功能：MAP 伪指令用于定义一个结构化内存表的首地址。MAP 可用 "^" 代替。
注意：表达式可以为程序中的标号或数学表达式，基址寄存器为可选项，当基址寄存器选项不存在时，表达式的值即为内存表的首地址；当该选项存在时，内存表的首地址为表达式的值与基址寄存器的和。MAP 伪指令通常与 FIELD 伪指令配合使用来定义结构化内存表。
例如：

```
MAP   0x100,R0           ;定义结构化内存表首地址的值为 0x100+R0
```

9. 数据域定义伪指令 FIELD

格式：标号   FIELD   表达式
功能：FIELD 伪指令用于定义一个结构化内存表中的数据域。FIELD 可用 "#" 代替。表达式的值为当前数据域在内存表中所占的字节数。
注意：FIELD 伪指令常与 MAP 伪指令配合使用来定义结构化内存表。MAP 伪指令定义内存表的首地址，FIELD 伪指令定义内存表中的各个数据域，并可以为每个数据域指定一个标号供其他指令引用。此外，两个伪指令仅用于定义数据结构，并不实际分配存储单元。
例如：

```
MAP  0x100              ;定义结构化内存表首地址的值为 0x100
 A  FIELD  8            ;定义 A 的长度为 8 字节，位置为 0x100
 B  FIELD  16           ;定义 B 的长度为 16 字节，位置为 0x108
 C  FIELD  32           ;定义 C 的长度为 32 字节，位置为 0x118
```

4.2.2 符号定义伪指令

符号定义（Symbol Definition）伪指令用于定义 ARM 汇编程序中的变量、对变量赋值及定义寄存器的别名等操作常见的符号定义伪指令有如下几种：

1. 全局变量定义伪指令 GBLA、GBLL 和 GBLS

格式：GBLA（GBLL 或 GBLS） 全局变量名
功能：GBLA、GBLL 和 GBLS 伪指令用于定义一个 ARM 程序中的全局变量，并将其初始化。其中各伪指令含义如下：
（1）GBLA 伪指令用于定义一个全局的数字变量，并初始化为 0。
（2）GBLL 伪指令用于定义一个全局的逻辑变量，并初始化为 F（假）。

（3）GBLS 伪指令用于定义一个全局的字符串变量，并初始化为空。

注意：由于这 3 条伪指令用于定义全局变量，因此在整个程序范围内变量名必须唯一。

例如：

```
GBLA  Test1           ;定义一个全局的数字变量，变量名为Test1
GBLL  Test2           ;定义一个全局的逻辑变量，变量名为Test2
GBLS  Test3           ;定义一个全局的字符串变量，变量名为Test3
```

2. 局部变量定义伪指令 LCLA、LCLL 和 LCLS

格式：LCLA （LCLL 或 LCLS） 局部变量名

功能：LCLA、LCLL 和 LCLS 伪指令用于定义一个 ARM 程序中的局部变量，并将其初始化。其中各伪指令含义如下：

（1）LCLA 伪指令用于定义一个局部的数字变量，并初始化为 0。
（2）LCLL 伪指令用于定义一个局部的逻辑变量，并初始化为 F（假）。
（3）LCLS 伪指令用于定义一个局部的字符串变量，并初始化为空。

注意：这 3 条伪指令用于声明局部变量，在其作用范围内变量名必须唯一。

例如：

```
LCLA  Test4           ;定义一个局部的数字变量，变量名为Test4
LCLL  Test5           ;定义一个局部的逻辑变量，变量名为Test5
LCLS  Test6           ;定义一个局部的字符串变量，变量名为Test6
```

3. 变量赋值伪指令 SETA、SETL 和 SETS

格式：变量名 SETA（SETL 或 SETS） 表达式

功能：伪指令 SETA、SETL、SETS 用于给一个已经定义的全局变量或局部变量赋值。其中各伪指令含义如下：

（1）SETA 伪指令用于给一个数学变量赋值。
（2）SETL 伪指令用于给一个逻辑变量赋值。
（3）SETS 伪指令用于给一个字符串变量赋值。

注意：变量名为已经定义过的全局变量或局部变量，表达式为将要赋给变量的值。

例如：

```
LCLA  Test7           ;声明一个局部的数字变量，变量名为Test7
Test7 SETA  0x1234    ;将该变量赋值为0x1234
LCLL  Test8           ;声明一个局部的逻辑变量，变量名为Test8
Test8 SETL  {TRUE}    ;将该变量赋值为真
```

4. 寄存器列表定义伪指令 RLIST

格式：名称 RLIST{寄存器列表}

功能：RLIST 伪指令可用于对一个通用寄存器列表定义名称，使用该伪指令定义的名称可在 ARM 指令 LDM/STM 中使用。

注意：在 LDM/STM 指令中，列表中的寄存器访问次序为根据寄存器的编号由低到高，而与列表中的寄存器排列次序无关。

例如：

```
RegList  RLIST{R0-R5,R8,R10}    ;将寄存器列表名称定义为RegList，可在ARM指令
                                ;LDM/STM中通过该名称访问寄存器列表
```

4.2.3 汇编结构伪指令

汇编结构（Assembly Structure）伪指令用于建立汇编程序的结构框架，常用的伪指令包括以下几条。

1. 段定义伪指令 AREA

格式：AREA 段名 属性1，属性2，……

功能：AREA 伪指令用于定义一个代码段或数据段。其中，段名若以数字开头，则该段名需用"|"括起来，如|1_test|。

注意：一个汇编语言程序至少要包含一个段，当程序太长时，也可以将程序分为多个代码段和数据段。

属性字段表示该代码段（或数据段）的相关属性，多个属性用逗号分隔。常用属性如下：

（1）CODE 属性：用于定义代码段，默认为 READONLY。

（2）DATA 属性：用于定义数据段，默认为 READWRITE。

（3）READONLY 属性：指定本段为只读，代码段默认为 READONLY。

（4）READWRITE 属性：指定本段为可读可写，数据段的默认属性为 READWRITE。

（5）ALIGN 属性：使用方式为"ALIGN 表达式"。在默认时，ELF（可执行连接文件）的代码段和数据段是按字对齐的，表达式的取值范围为 0~31，相应的对齐方式为 2 的表达式次幂。

（6）COMMON 属性：该属性定义一个通用的段，不包含任何的用户代码和数据。各源文件中同名的 COMMON 段共享同一段存储单元。

上述常用属性中，ALIGN 实际也是一个伪指令。

格式：ALIGN {表达式{,偏移量}}

功能：ALIGN 伪指令可通过添加填充字节的方式，使当前位置满足一定的对齐方式。其中，表达式的值用于指定对齐方式，可能的取值为 2 的幂，如 1、2、4、8、16 等。若未指定表达式，则将当前位置对齐到下一个字的位置。偏移量也为一个数字表达式，若使用该字段，则当前位置的对齐方式为 2 的表达式次幂+偏移量。

例如：

```
AREA Init,CODE,READONLY,ALIGN=3    ;指定后面的指令为8字节对齐
指令序列
END
```

2. 状态切换伪指令 CODE16、CODE32

格式：CODE16（或 CODE32）

功能：CODE16 伪指令通知编译器，其后的指令序列为 16 位 Thumb 指令。CODE32 伪指令通知编译器，其后的指令序列为 32 位 ARM 指令。

注意：若在汇编源程序中同时包含 ARM 指令和 Thumb 指令，则可用 CODE16 伪指令通知编译器其后的指令序列为 16 位 Thumb 指令，用 CODE32 伪指令通知编译器其后的指令序列为 32 位 ARM 指令。因此，在使用 ARM 指令和 Thumb 指令混合编程的代码中，可用这两条伪指令进行切换，但注意它们只通知编译器其后指令的类型，并不能对处理器进行状态切换。

例如：

```
AREA  Init,CODE,READONLY
    …
    CODE32              ;通知编译器其后指令为 32 位 ARM 指令
    …
    BX    NEXT          ;程序跳到 NEXT 处执行,并将处理器切换到 Thumb 工作状态
    …
    CODE16              ;通知编译器其后指令为 16 位 Thumb 指令
NEXT
    …
    END                 ;程序结束
```

3. 程序入口伪指令 ENTRY

格式：ENTRY

功能：ENTRY 伪指令用于指定汇编程序的入口点。

注意：在一个完整的汇编程序中至少要有一个 ENTRY，当有多个 ENTRY 时，程序的真正入口点由链接器指定，但在一个源文件里最多只能有一个 ENTRY，也可以没有。

例如：

```
AREA  Init,CODE,READONLY
    ENTRY               ;指定应用程序的入口点
    …
```

4. 程序结束伪指令 END

格式：END

功能：END 伪指令用于通知编译器已经到了源程序的结尾。

例如：

```
AREA  Init,CODE,READONLY
    …
    END                 ;指定应用程序的结尾
```

5. 标号输出伪指令 EXPORT（或 GLOBAL）

格式：EXPORT 标号{[WEAK]}

功能：EXPORT 伪指令用于在程序中声明一个全局的标号，该标号可在其他文件中引用。

注意：EXPORT 可用 GLOBAL 代替。标号在程序中区分大小写，[WEAK]选项声明其他同名标号优先于该标号被引用。

例如：

```
    AREA    Init,CODE,READONLY
        EXPORT   Main0       ;声明一个可全局引用的标号 Main0
        …
    END
```

6. 标号输入伪指令 IMPORT

格式：IMPORT　标号{[WEAK]}

功能：IMPORT 伪指令用于通知编译器要使用的标号在其他的源文件中定义，但要在当前源文件中引用，而且无论当前源文件是否引用该标号，该标号都会被加入当前源文件的符号表中。

注意：标号在程序中区分大小写，[WEAK]选项表示当所有的源文件都没有定义这样一个标号时，编译器也不给出错误信息，在多数情况下将该标号置为 0，若该标号为 B 或 BL 指令引用，则将 B 或 BL 指令置为 NOP 操作。

例如：

```
    AREA    Init,CODE,READONLY
        IMPORT   Main1       ;通知编译器当前文件要引用标号 Main1，但 Main1 在其他
                             ;源文件中定义
        …
    END
```

7. 标号引入伪指令 EXTERN

格式：EXTERN　标号{[WEAK]}

功能：EXTERN 伪指令用于通知编译器要使用的标号在其他源文件中定义，但要在当前源文件中引用。与伪指令 IMPORT 不同的是，如果当前源文件实际并未引用该标号，则该标号就不会被加入当前源文件的符号表中。

注意：标号在程序中区分大小写，[WEAK]选项表示当所有的源文件都没有定义这样一个标号时，编译器也不给出错误信息，在多数情况下将该标号置为 0，若该标号为 B 或 BL 指令引用，则将 B 或 BL 指令置为 NOP 操作。

例如：

```
    AREA    Init,CODE,READONLY
        EXTERN   Main2       ;通知编译器当前文件要引用标号 Main2，但 Main2 在其他
                             ;源文件中定义
        …
    END
```

第 4 章 ARM 程序设计基础

8. 源文件包含伪指令 GET（或 INCLUDE）

格式：GET 文件名

功能：GET 伪指令用于将一个源文件包含到当前的源文件中，并将被包含的源文件在当前位置进行汇编处理。可以使用 INCLUDE 代替 GET。

注意：汇编程序中常用的方法是在某源文件中定义一些宏指令，先用 EQU 定义常量的符号名称，用 MAP 和 FIELD 定义结构化的数据类型，然后用 GET 伪指令将这个源文件包含到其他源文件中，使用方法与 C 语言中的 "include" 相似。

例如：

```
AREA Init,CODE,READONLY
   GET   file1.s              ;通知编译器当前源文件包含源文件 file1.s
   GET   D:\file2.s           ;通知编译器当前源文件包含源文件 D:\file2.s
   …
END
```

9. 目标文件包含伪指令 INCBIN

格式：INCBIN 文件名

功能：INCBIN 伪指令用于将一个目标文件或数据文件包含到当前的源文件中，被包含的文件不作任何变动地存放在当前文件中，编译器从其后开始继续处理。

例如：

```
AREA Init,CODE,READONLY
   INCBIN  file3.dat          ;通知编译器当前源文件包含文件 file3.dat
   INCBIN  E:\mm\file4.txt    ;通知编译器当前源文件包含文件 E:\mm\file4.txt
   …
END
```

4.2.4 汇编控制伪指令

汇编控制（Assembly Control）伪指令用于控制汇编程序的执行流程，常用汇编控制伪指令包括 IF、ELSE、ENDIF、WHILE、WEND、MACRO、MEND、MEXIT。

1. 条件控制伪指令 IF、ELSE、ENDIF

格式：

```
IF  逻辑表达式
   指令序列 1
ELSE
   指令序列 2
ENDIF
```

功能：该组伪指令能根据条件的成立与否决定是否执行某个指令序列。当 IF 后面的逻辑表达式为真时，执行指令序列 1，否则执行指令序列 2。其中，ELSE 及指令序列 2 可以没有。

此时，当 IF 后面的逻辑表达式为真时，执行指令序列 1，否则继续执行后面的指令。

注意：IF、ELSE、ENDIF 伪指令可以嵌套使用。

例如：

```
GBLL  Test              ;声明一个全局的逻辑变量，变量名为 Test
…
IF  Test=TRUE
    指令序列 1
ELSE
    指令序列 2
ENDIF
```

2. 循环控制伪指令 WHILE、WEND

格式：

```
WHILE  逻辑表达式
    指令序列
WEND
```

功能：该组伪指令能根据条件的成立与否决定是否循环执行某个指令序列。当 WHILE 后面的逻辑表达式为真时，执行指令序列，该指令序列执行完毕后，再判断逻辑表达式的值，若为真则继续执行，一直到逻辑表达式的值为假。

注意：WHILE、WEND 伪指令可以嵌套使用。

例如：

```
GBLA   Counter          ;声明一个全局的数学变量，变量名为 Counter
Counter  SETA  3        ;由变量 Counter 控制循环次数
…
WHILE  Counter<10
    指令序列
WEND
```

3. 宏定义伪指令 MACRO、MEND

格式：

```
MACRO
    $标号  宏名 $参数 1,$参数 2,…
        指令序列
MEND
```

功能：MACRO、MEND 伪指令可以将一段代码定义为一个整体称为宏指令，之后就可以在程序中通过宏指令多次调用该段代码。

注意：在宏指令被展开时，"$"标号会被替换为用户定义的符号。宏指令可以使用一个或多个参数，当宏指令被展开时，这些参数被相应的值替换。

宏指令的使用方式和功能与子程序相似，子程序可以提供模块化的程序设计、节省存储空间并提高运行速度。但是在使用子程序结构时需要保护现场，从而增加了系统的开销，因此，在代码较短且需要传递的参数较多时，可以使用宏指令代替子程序。

包含在 MACRO 和 MEND 之间的指令序列称为宏定义体。在宏定义体的第 1 行应声明宏的原型（包含宏名、所需的参数），此后就可以在汇编程序中通过宏名来调用该指令序列。在源程序被编译时，汇编器将宏调用展开，用宏定义中的指令序列代替程序中的宏调用，并将实际参数的值传递给宏定义中的形式参数。MACRO、MEND 伪指令可以嵌套使用。

4. 宏退出伪指令 MEXIT

格式：MEXIT

功能：MEXIT 用于从宏定义中跳转出去。

4.2.5 其他常用伪指令

在汇编程序中还有一些经常使用的伪指令，包括以下几条。

1. 等效定义伪指令 EQU

格式：名称　EQU　表达式{,类型}

功能：EQU 伪指令用于为程序中的常量、标号等定义一个等效的字符名称，类似于 C 语言中的#define。EQU 可用"*"代替。

注意：名称为 EQU 伪指令定义的字符名称，当表达式为 32 位的常量时，可以指定表达式的数据类型，有 CODE16、CODE32 和 DATA 3 种类型。

例如：

```
Test  EQU  10              ;定义标号 Test 的值为 50
Addr  EQU  0xff,CODE32     ;定义 Addr 的值为 0xff,且该处为 32 位的 ARM 指令
```

2. 别名定义伪指令 RN

格式：名称　RN　表达式

功能：RN 伪指令用于给一个寄存器定义一个别名。

注意：采用这种方式可以方便程序员记忆该寄存器的功能。其中，名称为给寄存器定义的别名，表达式为寄存器的编码。

例如：

```
Temp  RN  R0               ;将 R0 定义一个别名 Temp
```

3. 局部变量作用范围伪指令 ROUT

格式：{名称} ROUT

功能：ROUT 伪指令用于给一个局部变量定义作用范围。

注意：在程序中未使用该伪指令时，局部变量的作用范围为所在的 AREA，而使用 ROUT 后，局部变量的作为范围为当前 ROUT 和下一个 ROUT 之间。

4.3 汇编语言的程序结构

4.3.1 程序结构

汇编语言程序的源文件扩展名为.s。程序以段为单位组织代码,可以分为代码段和数据段,代码段的内容为执行代码,数据段存放代码运行时需要用到的数据。一个汇编程序至少应该有一个代码段,当程序较长时,可以分割为多个代码段和数据段,多个段在程序编译链接时最终形成一个可执行的映像文件。链接器根据系统默认或用户设定的规则将各个段安排在存储器中相应的位置。因此,源程序中段之间的相对位置一般不会与可执行映像文件中段的相对位置相同。

可执行映像文件通常由以下几部分构成:
(1)一个或多个代码段,代码段的属性为只读。
(2)零个或多个包含初始化数据的数据段,数据段的属性为可读写。
(3)零个或多个不包含初始化数据的数据段,数据段的属性为可读写。

在汇编语言程序中,用 AREA 伪指令定义段,并说明所定义段的相关属性。ENTRY 伪指令标识程序的入口点,接下来为指令序列,程序的末尾为 END 伪指令,该伪指令告诉编译器源文件的结束,每一个汇编程序段都必须有一条 END 伪指令,指示代码段的结束。

4.3.2 子程序调用

在 ARM 汇编语言程序中,子程序的调用一般是通过 BL 指令来实现的。格式如下:

```
BL   子程序名
```

运行时,将子程序的返回地址存放在连接寄存器 LR 中,同时将程序计数器 PC 指向子程序的入口点,当子程序执行完毕需要返回调用处时,只需要将存放在 LR 中的返回地址重新复制给程序计数器 PC 即可。在调用子程序的同时,也可以完成参数的传递和从子程序返回运算的结果,通常可以使用寄存器 R0~R3 完成。

以下是使用 BL 指令调用子程序的汇编语言源程序的基本结构。

```
AREA Init,CODE,READONLY
ENTRY
Start
    LDR   R0,=0x3FF5000
    LDR   R1,0xFF
    STR   R1,[R0]
    LDR   R0,=0x3FF5008
    LDR   R1,0x01
    STR   R1,[R0]
    BL   Next
    …
Next
```

```
    …
    MOV  PC,LR
    …
END
```

思 考 题

1．ARM 汇编程序中有哪几类表达式，其运算的优先级规则是什么？

2．说明 ARM 汇编程序的指令与伪指令的不同。

3．编写程序段定义并初始化以下数据单元：数据段名 mem1，类型字，内容 1，2；数据段名 mem2，类型半字，内容 3，4；数据段名 mem3，类型双精度，内容 5，6；数据段名 mem4，类型字节，内容"mem1"，"mem2"，"mem3"。

4．画出题 3 中的存储器各数据存储单元的内容，假设数据起始地址为 0x12340000。

5．编写程序段定义并初始化以下符号变量：全局变量 num1 和 num2，局部变量 num3 和 num4，其中 num1 为数字变量，值为十进制数 1234，num2 为逻辑变量，值为假，num3 为字符串变量，值为"num3"，num4 为数字变量，值为十六进制数 ABCD。

6．编写程序段使用宏实现一个分支结构，判断逻辑变量 num，其为真则将寄存器 R0～R10 的内容进栈保护，为假则将寄存器 R0～R10 的内容出栈恢复。

7．编写完整程序通过调用子程序实现一个循环结构，依次将 R0～R15 的内容送至数据存储单元 reglist 中。

第 5 章

嵌入式 C 语言编程

本章首先介绍了 ARM 程序开发编程语言的使用情况，再介绍嵌入式 C 语言的使用规则、编写特点、注意事项、混合编程规范等，最后介绍了嵌入式 C 语言的一些常见用法。

本章主要内容如下：
（1）嵌入式 C 语言概述；
（2）嵌入式 C 语言编写特点；
（3）汇编语言与嵌入式 C 语言的混编规范；
（4）嵌入式 C 语言的一些常见用法。

5.1 嵌入式 C 语言概述

在 ARM 程序的开发中，系统初始化部分需要频繁访问底层硬件组件及相关寄存器信息，为缩短执行时间和提高执行效率，通常采用汇编语言来编写，包括 ARM 的启动代码、ARM 操作系统的移植代码等。在应用系统的程序设计中，若所有编程任务均由汇编语言来完成，则工作量巨大，并且不易移植。

与汇编语言相比，C 语言具有良好的模块化、较强功能性、易阅读和可维护的特点，可以缩短开发时间、方便移植代码、提高重复使用率，其程序架构清晰易懂，管理较为容易。因此，在应用程序开发上，绝大多数代码是使用 C 语言来完成的。

ARM 的开发环境实际上就是一个嵌入了 C 语言的集成开发环境，只不过这个嵌入式 C 语言开发环境和 ARM 的硬件紧密相关。在使用 C 语言时，有时要用到和汇编语言的混合编程。当汇编代码较为简洁时，可使用直接内嵌汇编的方法，否则需将汇编程序以文件的形式加入项目中，并通过 ARM 体系结构程序调用标准（Procedure Call Standard for the ARM Architecture，AAPCS）的规定与 C 程序相互调用与访问。

5.2 AAPCS 规则

AAPCS 是 ARM 架构下应用程序例程调用的二进制接口规范，其前身为著名的 ATPCS（ARM/Thumb Procedure Call Standard）标准。制定这个规范的目的是使不同程序模块可以分别编译，在二进制代码层面上直接配合使用。目前，ARM 编译器均采用了这一标准。在 ARM 架构进行调试、逆向工程、漏洞分析、病毒分析时，十分需要熟悉这些调用规范。

为了使单独编译的 C 语言程序和汇编程序之间能够相互调用，必须为子程序之间的调用规定一定的规则。基本 AAPCS 规定了在子程序调用时的一些基本规则，包括以下 3 个方面的内容：

（1）寄存器的使用规则及其相应的名称。
（2）数据栈的使用规则。
（3）参数传递的规则。

1. 寄存器的使用规则

（1）子程序间通过寄存器 R0~R3 来传递参数。这时，寄存器 R0~R3 可以记作 A1~A4。被调用的子程序在返回前无须恢复寄存器 R0~R3 的内容。

（2）在子程序中，使用寄存器 R4~R11 来保存局部变量。这时，寄存器 R4~R11 可以记作 V1~V8。如果在子程序中使用了寄存器 V1~V8 中的某些寄存器，则子程序进入时必须保存这些寄存器的值，在返回前必须恢复这些寄存器的值；对于子程序中没有用到的寄存器则不必进行这些操作。在 Thumb 程序中，通常只能使用寄存器 R4~R7 来保存局部变量。

（3）寄存器 R12 用作过程调用时的临时寄存器（用于保存 SP，在函数返回时使用该寄存器出栈），记作 IP。在子程序间的连接代码段中常有这种使用规则。

（4）寄存器 R13 用作数据栈指针，记作 SP。在子程序中寄存器 R13 不能作其他用途。寄存器 SP 在进入子程序时的值和退出子程序时的值必须相等。

（5）寄存器 R14 称为连接寄存器，记作 LR。它用于保存子程序的返回地址。如果在子程序中保存了返回地址，则寄存器 R14 可以用作其他用途。

（6）寄存器 R15 是程序计数器，记作 PC。它不能用作其他用途。

AAPCS 中寄存器的定义见表 5-1。

表 5-1 AAPCS 中寄存器的定义

寄存器	别名	特殊名称	使用规则
R0	A1		参数/结果/Scratch 寄存器 1
R1	A2		参数/结果/Scratch 寄存器 2
R2	A3		参数/结果/Scratch 寄存器 3
R3	A4		参数/结果/Scratch 寄存器 4
R4	V1		局部变量寄存器 1
R5	V2		局部变量寄存器 2
R6	V3		局部变量寄存器 3
R7	V4	WR	ARM 状态局部变量寄存器 4，Thumb 状态工作寄存器
R8	V5		ARM 状态局部变量寄存器 5
R9	V6	SB	ARM 状态局部变量寄存器 6，在支持 RWPI 的 AAPCS 中为静态基址寄存器
R10	V7	SL	ARM 状态局部变量寄存器 7，在支持数据检查的 AAPCS 中为数据栈限制指针
R11	V8		ARM 状态局部变量寄存器 8
R12		IP	子程序内部调用的 Scratch 寄存器
R13		SP	数据栈指针

续表

寄存器	别名	特殊名称	使用规则
R14		LR	连接寄存器
R15		PC	程序计数器

2. 堆栈的使用规则

AAPCS 规定堆栈为 FD 类型，即满递减堆栈，并且堆栈的操作是 8 字节对齐。对于汇编程序来说，如果目标文件中包含外部调用，则必须满足以下条件：

（1）外部接口的数据栈一定是 8 位对齐的，也就是要保证在进入该汇编代码后，直到该汇编程序调用外部代码之间，数据栈的栈指针变化为偶数个字。

（2）在汇编程序中使用 PRESERVE8 伪操作告诉连接器，本汇编程序是 8 字节对齐的。

3. 参数的传递规则

根据参数个数是否固定，可以将子程序分为参数个数固定子程序和参数个数可变子程序。这两种子程序的参数传递规则是不同的。

对于参数个数可变的子程序，当参数不超过 4 个时，可以使用寄存器 R0~R3 进行参数传递；当参数超过 4 个时，可以使用数据栈来传递参数。在参数传递时，首先将所有参数看作存放在连续的内存单元中的字数据。然后，依次将各字数据传送到寄存器 R0、R1、R2、R3。如果参数多于 4 个，则将剩余的字数据传送到数据栈中，入栈的顺序与参数顺序相反，即最后一个字数据先入栈。

按照上面的规则，一个浮点数参数可以通过寄存器传递，也可以通过数据栈传递，还可以一半通过寄存器传递，另一半通过数据栈传递。

4. 数据栈限制检查

如果在程序设计期间能够准确地计算出程序所需的内存总量，则不需要进行数据栈的检查，但是在通常情况下这是很难做到的，因此，需要进行数据栈的检查。在进行数据栈的检查时，使用寄存器 R10 作为数据栈限制指针，这时寄存器 R10 又记作 SL，用户在程序中不能控制该寄存器。

具体来说，支持数据栈限制的 AAPCS 要满足的规则为在已经占有栈的最低地址和 SL 之间必须有 256 字节的空间。也就是说，SL 所指的内存地址必须比已经占用的栈的最低地址低 256 字节。当中断处理程序使用用户的数据栈时，在已经占用的栈的最低地址和 SL 之间除了必须保留的 256 字节的内存单元外，还必须为中断处理预留足够的内存空间。用户在程序中不能修改 SL 的值；数据栈栈指针 SP 的值必须不小于 SL 的值。

5.3 嵌入式 C 语言编写特点

5.3.1 嵌入式 C 语言的数据存储方法

嵌入式 C 语言是针对嵌入式开发的 C 语言，与标准 C 语言并没有太大的差别。但是，由于面向对象的不同,在使用上习惯上嵌入式C语言与标准C语言有所不同,如嵌入式C语言开发会更在乎效率和内存的有效使用等。

嵌入式C语言是被编译器先翻译成汇编指令集,再将指令集转换为二进制指令代码,这些二进制代码与微处理器指令长度是一致的。例如,ARM指令集有32位,也有16位指令。如果是Thumb指令集,那么一句指令对应一个16位的二进制数。

微处理器的存储空间有Flash ROM和RAM之分,一般会将常量、常数等存储在Flash ROM中,不常被修改,而把变量、函数堆栈等存储在RAM中,以方便在运行时改变。寄存器是微处理器中被频繁使用的存储空间,常用来存放做计算的操作数。因此,一个程序被编译成二进制后,分别保存在不同的地方。

从图5-1中可以看到,C语言代码,int a,b;的a和b这两个变量存储于RAM的初始化数据中。c=10是const标明的常量,存储在Flash ROM的常数段落。d=20是变量,存储在RAM,而赋给的值20是常量,存储在Flash ROM中。下面e、f等由于处于函数main()函数中,因此是动态变量,存储在ROM的函数堆栈区域,赋给的常量或运算的值是常量,在ROM常数的程序相关部分。

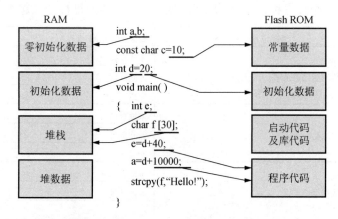

图5-1 程序编译后在内存的可能分配示例

5.3.2 嵌入式C语言的编写注意事项

编写嵌入式C程序的时候需注意的地方如下:

(1)数据类型尽量考虑整型。

(2)计算符号多加减、少乘,不除。

尽量采用移位运算代替乘除法。C/C++用移位运算代替乘除法能够显著提高运算效率。例如,b=b*9,可以看作b=b*(8+1)=b*8+b,即b=b<<3+b,b=b*7改为b=b<<3-b。

(3)变量尽量用局部变量,少使用全局变量。

全局变量是定义在函数外部的变量,也称为外部变量。它的作用域为从变量定义处开始,到本程序文件的末尾。全局变量全部存放在静态存储区,在程序开始执行时给全局变量分配存储区,程序执行完毕才释放。局部变量是在程序中特定的过程或函数中可以访问的变量,是相对全局变量而言的。全局变量存储于RAM中,局部变量存储于堆栈中。如果定义的全局变量太多有可能导致溢出。

全局变量的存在主要有以下原因：
① 使用全局变量会占用更多的内存（因为其生命期长）。
② 使用全局变量程序运行时速度更快（因为内存不需要再分配）。

（4）注意变量名称的空间污染。

全局变量可以使用，但是使用时应注意尽可能使名称易于理解，且不能太短，避免名称空间的污染，避免使用巨大对象的全局变量。局部变量可以和全局变量重名，但是局部变量会屏蔽全局变量。在函数内引用这个变量时，会用到同名局部变量。

全局变量便于传递参数，数据能在整个程序中共享，可以不使用较麻烦的传递参数方式，也省去了传递参数的时间，会减少程序的运行时间。不过，全局变量不好控制，不利于程序的结构化，因为程序中所有的函数都可以随便修改全局变量，可能导致不可预测的错误，也不便于调试。另外，由于全局变量可能会与局部变量冲突，导致程序混乱，因此，一般建议尽量不用或少用全局变量。

（5）子程序嵌套越少越好。

在子程序运行的过程中，当调用下一个子程序时需要开辟一个堆栈空间，直到执行到 return 语句，才会把这个栈去掉。因此，嵌套层次越多，需要的堆栈空间越大，如图 5-2 所示。

	活动记录区	空闲堆栈空间	
低地址	当前函数的活动记录区	本地存储	<-堆栈指针 ptr
		返回地址	
		变量	
	调用函数活动记录区	本地存储	
		返回地址	
		变量	
	调用函数活动记录区	本地存储	
		返回地址	
		变量	
高地址	调用函数活动记录区	本地存储	
		返回地址	
		变量	

图 5-2 嵌套堆栈布局

（6）循环体多用 do-while，少用 for、while 等结构。

从编译的代码可以看出，do-while 循环只需要一个空间存储退出的地址。相比较而言，do-while 循环所需的额外开销最少。如果事先可以知道循环体至少会执行一次，这样可以使编译器省去检查循环计数是否为零的步骤。

5.4 C 语言与汇编语言混编规范

在嵌入式系统开发中，目前使用的主要编程语言是 C 语言和汇编语言。在 ARM 程序设计中，如果所有的编程任务均用汇编语言来完成，则不仅工作量巨大，还不利于系统升级维护和软件的移植。使用 C 语言开发的 ARM 程序具有可读性和可移植性好、开发周期短、程序修改方便的优点。但是，在某些情况下，C 代码的效率无法与汇编代码的效率相比，而且一些硬件控制功能也不如汇编语言方便，甚至有些操作 C 语言无法直接实现。因此，ARM 体系结构支持汇编语言与 C 语言的混合编程，在一个完整的程序中，除了初始化部分用汇编语言完成以外，其主要的编程任务一般可用 C 语言完成。

5.4.1 在 C 语言中内嵌汇编指令

在需要 C 语言与汇编混合编程时，若汇编代码较短，则可使用直接内嵌汇编的方法混合编程。内嵌汇编可以提高程序执行效率。在 C 语言中内嵌的汇编指令包含大部分 ARM 和 Thumb 指令，不过其使用方法与汇编文件中的指令有不同之处，存在一些限制，主要有下面几个方面：

（1）不能直接向 PC 寄存器赋值，程序跳转只能使用 B 或 BL 指令实现。

（2）在使用物理寄存器时，不要使用过于复杂的 C 表达式，以避免物理寄存器冲突。

（3）R12 和 R13 可能被编译器用来存放中间编译结果，计算表达式值时可能将 R0~R3、R12 和 R14 用于子程序调用，因此，要避免直接使用这些物理寄存器。

（4）一般不要直接指定物理寄存器，而应让编译器进行分配。

内嵌汇编语言的语法如下：

```
__asm
{
    instruction [;instruction]
    …
    [instruction]
}
```

下面通过一个字符串复制的例子来说明如何在 C 语言中内嵌汇编语言，复制操作全部由嵌入的汇编代码实现。

```
#include <stdio.h>
void my_strcpy(const char *src, char *dst)
{   int ch;
    __asm
    { loop:
        LDRB  ch, [src], #1
        STRB  ch, [dst], #1
        CMP   ch, #0
        BNE   loop
    }
}
```

调用 my_strcpy() 的 C 语言代码如下：

```
int main()
{   char *a="Happy New Year! ";
    char b[64];
```

```
    my_strcpy(a, b);
    printf("original string: '%s'\n", a);
    printf("copied string: '%s'\n", b);
    return (0);
}
```

在这里 C 语言和汇编语言之间的值传递是用 C 语言的指针来实现的，因为指针对应的是地址，所以汇编中也可以访问。

5.4.2 在汇编中使用 C 定义的全局变量

内嵌汇编不用单独编辑汇编语言文件，比较简洁，但是有诸多限制，当汇编的代码较多时一般放在单独的汇编文件中。这时，就需要在汇编语言和 C 语言之间进行一些数据的传递，最简便的办法就是使用全局变量，即使用 IMPORT 伪指令引入全局变量，并利用 LDR 和 STR 指令根据全局变量的地址访问它们。下面例子是一个汇编代码的函数，它读取全局变量 global，将其加 2 后写回。

```
    AREA    globals, CODE, READONLY
        EXPORT  asmsub
        IMPORT  global
        asmsub
            LDR   R1, =globvl
            LDR   R0, [R1]
            ADD   R0, R0, #2
            STR   R0, [R1]
            MOV   PC, LR
    END
```

5.4.3 在 C 程序中调用汇编程序

C 程序调用汇编程序时需要做到以下两步：

（1）在 C 程序中使用 extern 关键字声明外部函数（声明要调用的汇编子程序），即可调用此汇编子程序。

（2）在汇编程序中使用 EXPORT 伪指令声明子程序，使其他程序可以调用此子程序。另外，汇编程序设置要遵循 AAPCS 规则，保证程序调用时参数的正确传递。

C 程序如下：

```
#include <stdio.h>
extern void strcopy(char *d,const char *s)
int main()
{   const char *srcstr ="First string—source";
    char*dststr ="Second string—destination";
    strcopy(dststr,srcstr);
    return(0);
}
```

调用的汇编程序如下：

```
AREA  SCopy,CODE,READONLY
    ENTRY
    EXPORT strcopy
    strcopy
        LDRB R2, [R1], #1
        STRB R2, [R0], #1
        CMP R2, #0
        BNE strcopy
        MOV PC,LR
END
```

5.4.4 在汇编程序中调用 C 程序

汇编程序的设置要遵循 AAPCS 规则，即前 4 个参数通过 R0～R3 传递，后面的参数通过堆栈传递，保证程序调用时参数的正确传递。在汇编程序中使用 IMPORT 伪指令声明将要调用的 C 程序函数。在调用 C 程序时，首先要正确设置入口参数，然后使用 BL 调用。汇编程序调用 C 程序的 C 函数代码如下：

```
int cFun(int a, int b, int c)
{   return (a+b+c);
}
```

汇编程序调用 C 程序的汇编程序代码如下：

```
AREA  asmfile, CODE, READONLY
    IMPORT  cFun
    ENTRY
        MOV  R0, #11
        MOV  R1, #22
        MOV  R2, #33
        BL   cFun
END
```

在汇编程序中调用 C 程序的函数时，参数的传递也是通过 AAPCS 来实现的。

5.5 嵌入式 C 语言的常见用法

嵌入式系统编程开发中，经常会看到或用到一些嵌入式 C 语言命令，在这里将其列出，以加深对嵌入式 C 语言的认识。

1. define 宏定义

define 是 C 语言中的预处理指令，用于宏定义可以提高源代码的可读性。常见的格式如下：

```
#define  标识符  字符串
```

其中:"标识符"为所定义的宏名;"字符串"可以是常数、表达式和格式串等。例如:

```
#define  PLL_Q  7          //定义标识符 PLL_Q 的值为 7
```

2. ifdef 条件编译

条件编译命令可以实现当满足某条件时对一组语句编译,而条件不满足时编译另一组语句的功能。常见的格式如下:

```
#ifdef  标识符
    程序段 1
#else
    程序段 2
#endif
```

功能:当标识符已经被定义过(一般是用#define 命令定义)时,对程序段 1 进行编译,否则编译程序段 2。该命令经常出现在 STM32 的库文件中。例如,在 stm32f4××.h 的头文件中可以看到这样的语句:

```
#ifdef __cplusplus
    extern "C" {
#endif
…
#ifdef-cplusplus
}
#endif
```

3. 位运算操作

C 语言中的位运算操作命令在嵌入式系统开发中使用频繁,常需要灵活应用。目前,C 语言支持 6 种位操作命令,见表 5-2。

表 5-2 位操作命令

序号	1	2	3	4	5	6
运算符	&	|	^	~	<<	>>
操作功能	按位与	按位或	按位异或	取反	左移	右移

嵌入式系统编程中常见的几个应用实例。
1) 不改变其他位值,只对某几位设值
方法:先对需要设置的位使用与操作进行清零,然后使用或操作设置相应值。

```
GPIOA-> BSRRL&=0xFF0F;    //将寄存器的第 4~7 位清零
GPIOA-> BSRRL|=0X0040;    //设置相应位,不改变其他位值
```

2) 移位操作提高代码可读性和可重用性
例如:

```
GPIOx->ODR=(((uint32_t)0x01) << pinpos); //将 ODR 寄存器第 pinpos 位设置为 1
```

3）取反操作提高代码可读性

例如：

```
TIMx->SR=(uint16_t)~TIM_FLAG_Update;
```

其中，TIM_FLAG_Update 是通过宏定义的值，例如：

```
#define TIM_FLAG_Update ((uint16_t)0x0001)
```

上述代码实际是将 SR 寄存器的第 0 位清零，其他位置 1。之所以这样写，主要是为了提高代码的可读性。

4. extern 变量声明

C 语言中，extern 可以放在变量或函数之前，以表示该变量或函数的定义在其他文件中，提示编译器在其他模块中寻找其定义。通常 extern 可以多次声明变量，但是该变量只能定义一次。extern 声明的变量实质上是全局变量。例如：

```
Extern u16 USART_RX_STA;        //声明的 USART_RX_STA 已在其他文件中定义
```

5. typedef 类型别名

typedef 用于为现有类型创建一个新的名称，称为类型别名，可简化变量的定义。在嵌入式系统开发中，typedef 常用于定义结构体别名和枚举类型。

```
struct _GPIO
{   _IO uint32_t MODER;
    _IO uint32_t OTYPER;
    …
};
```

上述指令定义了一个结构体_GPIO。在实际使用中，typedef 的用法如下：

```
typedef struct
{   _IO uint32_t MOD;
    _IO uint32_t OTY
    …
} GPIO_TypeDef;          //GPIO_TypeDef 为该结构体的别名
```

6. 结构体

结构体是一种工具，利用这个工具用户可以定义自己的数据类型。与数组相比，结构体中各个元素的数据类型可以不相同。在嵌入式系统开发中，结构体可以将多个变量组合为一个有机整体，如将串口定义为一个结构体。这样，在需要调整入口参数时，可以直接通过修改结构体成员变量来完成，而不需要采用传统的修改函数定义的方法。此外，使用结构体还可以提高代码的可读性。

(1) 结构体的声明与使用方法比较灵活，其一般形式如下：

```
struct 结构体名
{   类型名1   成员名1；
    类型名2   成员名2；
    …
    类型名n   成员名n；
};
```

例如：

```
struct student
{   char name[10];
    char sex;
    int age;
    float score;
};
```

(2) 当需要使用结构体类型的变量、指针变量和数组时，有以下 3 种方法。

方法一：定义结构体类型时，同时定义该类型的变量。

例如：

```
struct Student
{   char name[10];
    char sex;
    int age;
    float score;
} stu1, *ps, stu[5];     //定义结构体类型的普通变量、指针变量和数组
```

方法二：先定义结构体类型，再定义该类型的变量。

例如：

```
struct student
{   char name[10];
    char sex;
    int age;
    float score;
};
struct student stu1, *ps,stu[5];//定义结构体类型的普通变量、指针变量和数组
```

方法三：先用类型定义符 typedef 为结构体类型命别名，再用别名定义变量。

例如：

```
typedef struct [student]
{   char name[10];
    char sex;
    int age;
    float score;
}STU;
```

```
STU stu1, *ps, stu[5];//用别名定义结构体类型的普通变量、指针变量和数组
```

（3）结构体变量赋初值的方法：

```
struct [student]
{   char name[10];
    char sex;
    int age;
    float score;
} stu[2]={{"Li", 'F', 22, 90.5}, {"Su", 'M', 20, 88.5}};
```

（4）引用结构体变量中成员的方法如下：
① 结构体变量名.成员名，如 stu1.name。
② 结构体指针变量→成员名，如 ps→name。
③ (*结构体指针变量).成员名，如 (*ps).name。
④ 结构体变量数组名.成员名，如 stu[0].name。

思 考 题

1. 嵌入式系统中经常要用到无限循环，怎样使用嵌入式 C 语言编写无限循环？
2. 使用嵌入式 C 语言给变量 n 做以下的定义：
（1）一个整型数；
（2）一个指向整型数的指针；
（3）一个指向指针的指针，它指向的指针指向一个整型数；
（4）一个有 10 个整型数的数组；
（5）一个有 10 个指针的数组，该指针指向一个整型数；
（6）一个指向有 10 个整型数数组的指针；
（7）一个指向函数的指针，该函数有一个整型参数并返回一个整型数；
（8）一个有 10 个指针的数组，该指针指向一个函数，该函数有一个整型参数并返回一个整型数。
3. 使用#define 声明一个常数，用以表明 1 年中有多少秒（忽略闰年问题）。
4. 使用#define 写一个标准宏 MAX，这个宏输入两个参数并返回较大的一个。
5. C 语言中，关键字 static 的作用有哪些？
6. C 语言中，关键字 volatile 的含义是什么？
7. 下面代码使用__interrupt 关键字定义了一个中断服务子程序，请找出这段代码的错误之处。

```
__interrupt double compute_area (double radius)
{   double area=PI*radius*radius;
    printf("\nArea=%f", area);
    return area;
}
```

8. 分析下列代码的输出结果，并说明原因。

```
void foo(void)
{   unsigned int a=6;
    int b=-20;
     (a+b>6) ? puts(">6") : puts("<=6");
}
```

第 6 章

STM32F4 处理器的工作原理

本章首先通过对 STM32F4 处理器的启动文件和主文件进行详细介绍,加深读者对该处理器启动过程的认识,然后分别详述了该处理器的时钟系统、I/O 端口、中断控制 3 个关键技术。

本章主要内容如下:
(1) STM32F4 处理器的启动过程;
(2) STM32F4 处理器的关键技术。

6.1 STM32F4 处理器的启动过程

6.1.1 STM32F4 处理器启动文件

当前的嵌入式应用程序开发过程,C 语言成了绝大部分场合的最佳选择。因此,main()函数成了程序执行的起点——因为 C 程序从 main()函数开始执行。但是,一个经常会被忽略的问题是微控制器上电后如何寻找并执行 main()函数?微控制器无法从硬件上定位 main()函数的入口地址,因为使用 C 语言作为开发语言后,变量/函数的地址由编译器在编译时自行分配,即 main()函数的入口地址在微控制器的内部存储空间中不再是绝对不变的。

因此,每种微控制器都必须有启动文件(Bootloader),其作用是负责执行微控制器从"复位"到"开始执行 main()函数"这段时间(称为启动过程)所必须进行的工作。

处理器启动文件通常由厂家提供,对于以 ARM Cortex-M4 为内核的 STM32F4 处理器来说,在 Keil μVisi/On 集成开发环境(Integrated Development Environment,IDE)下的启动文件为 startup_stm32f40_41×××.s(版本号 V1.4.0)。启动文件采用 ARM 汇编程序设计,主要源程序如下:

```
;****************************************************************
;栈配置数据段
;****************************************************************
    Stack_Size  EQU  0x00000400
AREA    STACK, NOINIT, READWRITE, ALIGN=3
;定义栈的数据段,按 8 字节对齐。NOINIT 表明该数据段仅保留内存单元,并初始化为 0
    Stack_Mem  SPACE  Stack_Size           ;定义 1KB 大小的栈空间,并用 0 填充
__initial_sp                               ;标记栈顶地址(SP)
```

```
;******************************************************************
;堆配置数据段
;******************************************************************
Heap_Size   EQU  0x00000200
    AREA   HEAP, NOINIT, READWRITE, ALIGN=3
__heap_base                                ;标记堆空间的基地址
    Heap_Mem  SPACE  Heap_Size             ;定义512B大小的栈空间，并用0填充
__heap_limit                               ;标记堆空间的结束地址
    PRESERVE8                              ;告知编译器链接时堆栈是8字节对齐
    THUMB                                  ;使用Thumb指令模式


;******************************************************************
;异常向量定义数据段，向量表从地址0的复位开始
;******************************************************************
    AREA   RESET, DATA, READONLY
    EXPORT  __Vectors                      ;输出全局符号，表示异常向量表入口地址
    EXPORT  __Vectors_End                  ;输出全局符号，表示异常向量表结束地址
    EXPORT  __Vectors_Size                 ;输出全局符号，表示异常向量表大小

    __Vectors DCD  __initial_sp            ;栈顶地址
              DCD  Reset_Handler           ;复位处理
              DCD  NMI_Handler             ;非屏蔽中断处理
              DCD  HardFault_Handler       ;硬件故障处理
              DCD  MemManage_Handler       ;内存管理处理
              DCD  BusFault_Handler        ;总线故障处理
              DCD  UsageFault_Handler      ;未定义指令异常处理
              DCD  0                       ;保留
              …                            ;此处略去部分异常向量
              DCD  FPU_IRQHandler          ;浮点运算处理
    __Vectors_End
    __Vectors_Size  EQU  __Vectors_End-__Vectors


;******************************************************************
;复位初始化代码段
;******************************************************************
    AREA  |.text|, CODE, READONLY
;====复位事件处理过程====
Reset_Handler  PROC
    EXPORT  Reset_Handler [WEAK]           ;输出全局标号
    IMPORT  SystemInit                     ;输入两个全局标号
    IMPORT  __main

    LDR  R0, =SystemInit                   ;跳到SystemInit处
    BLX  R0
    LDR  R0, =__main                       ;调用C函数库中函数,在完成初始化后调用_main函数
    BX   R0
```

```
    ENDP

;====其他异常处理过程(共有 9 种)====
NMI_Handler    PROC
    EXPORT  NMI_Handler    [WEAK]
    B   .           ;没有在外部定义该异常处理的服务子函数但出现这种异常时,将进入死循环
    ENDP
HardFault_Handler    PROC            ;硬件故障
    EXPORT  HardFault_Handler    [WEAK]
    B   .
    ENDP
MemManage_Handler    PROC            ;内存管理事件
    EXPORT  MemManage_Handler    [WEAK]
    B   .
    ENDP
BusFault_Handler    PROC             ;总线故障
    EXPORT  BusFault_Handler    [WEAK]
    B   .
    ENDP
UsageFault_Handler    PROC           ;未定义指令异常
    EXPORT  UsageFault_Handler    [WEAK]
    B   .
    ENDP
SVC_Handler    PROC                  ;软件调试
    EXPORT  SVC_Handler    [WEAK]
    B   .
    ENDP
DebugMon_Handler    PROC             ;调试监控故障
    EXPORT  DebugMon_Handler    [WEAK]
    B   .
    ENDP
PendSV_Handler    PROC               ;可挂起异常
    EXPORT  PendSV_Handler    [WEAK]
    B   .
    ENDP
SysTick_Handler PROC                 ;系统滴答时钟事件
    EXPORT  SysTick_Handler    [WEAK]
    B   .
    ENDP

;====默认事件处理过程====
Default_Handler PROC
    EXPORT  WWDG_IRQHandler         [WEAK]
    EXPORT  PVD_IRQHandler          [WEAK]
    EXPORT  TAMP_STAMP_IRQHandler   [WEAK]
    EXPORT  RTC_WKUP_IRQHandler     [WEAK]
```

```
        EXPORT   FLASH_IRQHandler           [WEAK]
        EXPORT   RCC_IRQHandler             [WEAK]
        EXPORT   EXTI0_IRQHandler           [WEAK]
        EXPORT   EXTI1_IRQHandler           [WEAK]
        …
        EXPORT   FPU_IRQHandler             [WEAK]

    WWDG_IRQHandler
    PVD_IRQHandler
    TAMP_STAMP_IRQHandler
    RTC_WKUP_IRQHandler
    FLASH_IRQHandler
    RCC_IRQHandler
    EXTI0_IRQHandler
    …
    FPU_IRQHandler
        B       .
    ENDP
        ALIGN                               ;填充字节使地址对齐


;****************************************************************************
;用户堆栈的初始化
;****************************************************************************
    IF  :DEF:__MICROLIB                     ;判断是否定义了__MICROLIB 这个宏
        EXPORT   __initial_sp               ;是,则输出 3 个全局标号
        EXPORT   __heap_base
        EXPORT   __heap_limit
    ELSE                                    ;否,即默认 C 语言
        IMPORT   __use_two_regI/On_memory   ;输入全局标号
        EXPORT   __user_initial_stackheap   ;输出全局标号

__user_initial_stackheap     ;用户堆栈的初始化,在__main 函数执行时将调用该标号
        LDR     R0, =Heap_Mem
        LDR     R1, =(Stack_Mem+Stack_Size)
        LDR     R2, =(Heap_Mem+Heap_Size)
        LDR     R3, =Stack_Mem
        BX      LR                          ;返回__main 函数中的调用处
        ALIGN
    ENDIF
        END                                 ;结束汇编文件
```

通过阅读上述启动文件,可以了解到 Cortex-M4 处理器的启动文件主要完成了堆栈初始化、复位事件处理初始化、异常向量表初始化等工作,并调用 C 函数库的__main 函数进入基于 C 语言的主文件中。同时,在复位后,Cortex-M4 处理器进入线程模式、特权级,且使用主堆栈指针(MSP)。

此外,启动文件中输入了多个全局标号,表示将会调用多个其他文件中的程序段来完成启动过程。因此,该启动文件仅能反映系统启动时的主要流程,不能体现其内部的具体操作。读者如果有兴趣,可以根据所述全局标号,在固件库中寻找其具体内容并深入理解

启动全过程。

6.1.2 STM32F4 处理器主文件

ARM Cortex-M4 处理器的引导程序运行结束后进入 C 函数库，并在完成初始化后，调用主函数 main()。主函数作为整个应用程序的入口，在 STM32F4 处理器主文件 main.c 文件中，函数中的内容由编程人员根据具体需求编程实现。下面是 ARM Cortex-M4 处理器厂家提供的主文件模板例程。

```c
#include "stm32f4xx.h"          //包含 stm32f4 的头文件，可调用相应的库函数
int main(void)
{   GPIO_InitTypeDef  GPIO_InitStructure;//声明结构体 GPIO_InitTypeDef
    RCC_AHB1PeriphClockCmd(RCC_AHB1Periph_GPIOE, ENABLE);
                                        //调用 RCC_AHB1 时钟配置函数
    GPIO_InitStructure.GPIO_Pin=GPIO_Pin_8|GPIO_Pin_9|GPIO_Pin_10|
        GPIO_Pin_11|\
    GPIO_Pin_12|GPIO_Pin_13|GPIO_Pin_14|GPIO_Pin_15; //GPIO PIN 引脚
    GPIO_InitStructure.GPIO_Mode=GPIO_Mode_OUT;       //GPIO 引脚模式为输出
    GPIO_InitStructure.GPIO_OType=GPIO_OType_PP;      //GPIO 引脚为推挽形式
    GPIO_InitStructure.GPIO_Speed=GPIO_Speed_100MHz;  //GPIO 最高速率 100MHz
    GPIO_InitStructure.GPIO_PuPd=GPIO_PuPd_UP;        //GPIO 引脚为上拉形式
    GPIO_Init(GPIOE, &GPIO_InitStructure);      //调用 GPIO 初始化配置函数
    GPIO_SetBits(GPIOE,GPIO_Pin_8 | GPIO_Pin_9 | GPIO_Pin_10 | GPIO_Pin_11|\
    GPIO_Pin_12|GPIO_Pin_13|GPIO_Pin_14|GPIO_Pin_15); //对 GPIO 引脚置位
    while(1)
    {                   //********系统的应用程序即写在这个死循环中********//
        GPIO_ResetBits(GPIOE,GPIO_Pin_8);           //对 PE8 脚清零
        GPIO_ResetBits(GPIOE,GPIO_Pin_10);          //对 PE10 脚清零
        GPIO_ResetBits(GPIOE,GPIO_Pin_12);          //对 PE12 脚清零
        GPIO_ResetBits(GPIOE,GPIO_Pin_14);          //对 PE14 脚清零
    }
}
```

上述主程序例程针对没有嵌入式操作系统的情况，首先，将微处理需要用到的引脚、时钟、中断等对象进行初始化配置，在配置内容较多时，可以分为多个函数来调用，以提高易读性；然后，将系统的应用程序编写在 while(1)死循环中，以确保 ARM 处理器上电后一直运行此应用程序。在有嵌入式操作系统的情况下，应用程序通常以任务形式嵌入系统进程中运行，其主程序设计方法与上述例程不同，请感兴趣的读者自行学习。

在初始化流程中，主程序使用了两个重要的固件库函数 RCC_AHB1PeriphClockCmd()和 GPIO_Init()，分别实现对 RCC_AHB1 时钟的配置和 GPIO 引脚的初始化，将 GPIO 引脚 PE8～PE15 设置为输出模式。由于 PE8～PE15 连接有对应的 LED 灯，因此固件库函数 GPIO_SetBits()和 GPIO_ResetBits()在相应 GPIO 引脚进行置位或清零操作的同时，也实现了对 LED 灯的关闭或点亮操作。关于相关固件库函数的说明与使用参见 6.2 节内容，或查阅《STM32F4××中文参考手册》。

6.2 STM32F4 处理器的关键技术

从 6.1 节启动文件和主文件的源程序可见，STM32F4 处理器启动过程涉及面广，且未能完整详细地展示。此处介绍一些 STM32F4 处理器的关键技术，为读者深入理解启动过程提供帮助。

6.2.1 STM32F4 处理器时钟系统

1. 时钟源

众所周知，时钟系统是处理器的脉搏，所以其重要性不言而喻。由于 STM32F4 处理器本身非常复杂且外设较多，但是并不是所有外设都需要较高频率，如"看门狗"定时器及 RTC 只需要几十 kHz 的时钟频率即可。同一个电路，时钟频率越快功耗越大，同时抗电磁干扰能力也会越弱，所以对于较为复杂的控制器一般采取多时钟源的方法来解决这些问题。

在 STM32F4 处理器中，有 5 个重要的时钟源，分别为 HSI、HSE、LSI、LSE、PLL。从时钟频率划分，时钟源可以分为高速时钟源和低速时钟源，在这 5 个重要时钟源中 HIS、HSE 和 PLL 是高速时钟，LSI 和 LSE 是低速时钟。从来源划分，时钟源可分为外部时钟源和内部时钟源，外部时钟源就是从外部通过接晶体振荡器（简称晶振）的方式获取时钟源，其中 HSE 和 LSE 是外部时钟源，其他是内部时钟源。

STM32F4 处理器的时钟源具体如下：LSI 是低速内部时钟，RC 振荡器，频率为 32kHz 左右，供独立"看门狗"定时器和自动唤醒单元使用。LSE 是低速外部时钟，接频率为 32.768kHz 的石英晶体，主要是 RTC 的时钟源。HSE 是高速外部时钟，可接石英/陶瓷谐振器，或接外部时钟源，也可以直接作为系统时钟或 PLL 输入，频率范围为 4MHz~26MHz，通常外接 8MHz 晶振。HSI 是高速内部时钟，RC 振荡器，频率为 16MHz，可以直接作为系统时钟或用作 PLL 输入。

PLL 为锁相环倍频输出。STM32F4 处理器有两个 PLL：主 PLL（PLL）由 HSE 或 HSI 提供时钟信号，并具有两个不同的输出时钟。第一个输出 PLLP，用于生成高速的系统时钟（最高 168MHz）；第二个输出 PLLQ，用于生成 USB OTG FS 的时钟（48MHz），随机数发生器的时钟和 SDI/O 时钟。专用 PLL（PLLI^{2}S）用于生成精确时钟，从而在 I^{2}S 接口实现高品质音频性能。

主 PLL 时钟的时钟源要先经过一个分频系数为 M 的分频器，然后经过倍频系数为 N 的倍频器，再经过一个分频系数为 P（第一个输出 PLLP）或 Q（第二个输出 PLLQ）的分频器分频之后，最后生成最终的主 PLL 时钟。

例如，外部晶振选择 8MHz，同时设置相应的分频器 $M=8$，倍频器倍频系数 $N=336$，分频器分频系数 $P=2$，那么主 PLL 生成的第一个输出高速时钟 PLLP 为

$$\text{PLL}=8\text{MHz} \times N/(M \times P)=8\text{MHz} \times 336/(8 \times 2)=168\text{MHz} \tag{6-1}$$

2. 时钟系统

从图 6-1 所示的 STM32F4 处理器时钟系统可见："看门狗"时钟源只能是低速的 LSI 时钟。RTC 的时钟源可以选择 LSI、LSE 及 HSE 分频后的时钟，HSE 分频系数为 2~31。输出

时钟 MCO1 是向芯片的 PA8 引脚输出时钟。它有 4 个时钟来源，分别为 HSI、LSE、HSE 和 PLL 时钟。输出时钟 MCO2 是向芯片的 PC9 输出时钟，它同样有 4 个时钟来源，分别为 HSE、PLL、SYSCLK 及 PLLI2S 时钟。MCO 输出时钟频率最大不超过 100MHz。

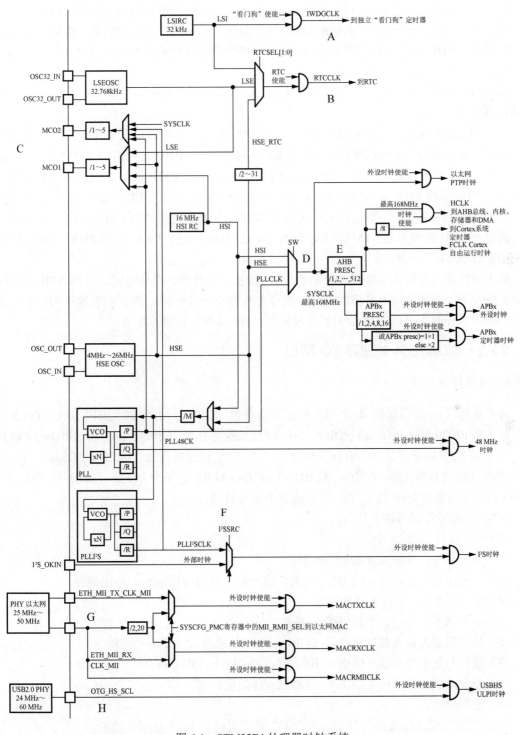

图 6-1 STM32F4 处理器时钟系统

系统时钟 SYSCLK 系统时钟来源有 HSI、HSE 和 PLL3 个方面。在实际应用中，因为对时钟速度要求都比较高才会选用 STM32F4 处理器这种级别的处理器，所以一般情况下，采用 PLL 作为 SYSCLK 时钟源。根据式（6-1），就可以算出系统的 SYSCLK 值。

以太网 PTP 时钟、AHB 时钟、APB2 高速时钟、APB1 低速时钟都是来源于 SYSCLK 系统时钟。其中，以太网 PTP 时钟使用系统时钟；AHB、APB2 和 APB1 时钟经过 SYSCLK 时钟分频得来。AHB 最大时钟频率为 168MHz，APB2 高速时钟最大频率为 84MHz，而 APB 低速时钟最大频率为 42MHz。

I^2S 的时钟源来源于 $PLLI^2S$ 或映射到 I^2S_CKIN 引脚的外部时钟。出于音质的考虑，I^2S 对时钟精度要求很高。

对于 MII 接口来说，必须向外部 PHY 芯片提供 25MHz 的时钟，这个时钟，可以由 PHY 芯片外接晶振，或使用 STM32F4 处理器的 MCO 输出提供。PHY 芯片再给 STM32F4 处理器提供 ETH_MII_TX_CLK 和 ETH_MII_RX_CLK 时钟。对于 RMII 接口来说，外部必须提供 50MHz 的时钟驱动 PHY 和 STM32F4 处理器的 ETH_RMII_REF_CLK，这个 50MHz 时钟可以来自 PHY、有源晶振或 STM32F4 处理器的 MCO。开发板使用的是 RMII 接口，使用 PHY 芯片提供 50MHz 时钟驱动 STM32F4 处理器的 ETH_RMII_REF_CLK。外部 PHY 提供的 USB OTG HS（60MHz）时钟。

以上时钟输出有很多是带使能控制的，如 AHB 总线时钟、内核时钟、各种 APB1 外设、APB2 外设等。当需要使用某模块时，一定要先使能对应的时钟。例如，主程序例程中调用 RCC_AHB1PeriphClockCmd 函数对需要使用的 AHB 总线时钟进行配置。

6.2.2　STM32F4 处理器 I/O 端口

1. *端口特性*

每个通用 I/O 端口包括 4 个 32 位配置寄存器（GPIOx_MODER、GPIOx_OTYPER、GPIOx_OSPEEDR 和 GPIOx_PUPDR）、2 个 32 位数据寄存器（GPIOx_IDR 和 GPIOx_ODR）、1 个 32 位置位/复位寄存器（GPIOx_BSRR）、1 个 32 位锁定寄存器（GPIOx_LCKR）和 2 个 32 位复用功能选择寄存器（GPIOx_AFRH 和 GPIOx_AFRL）。每个 I/O 端口位均可自由编程，但 I/O 端口寄存器必须按 32 位字、半字或字节进行访问。

GPIO 主要特性包括以下几点：

（1）受控 I/O 多达 16 个。
（2）输出状态：推挽或开漏+上拉/下拉。
（3）从输出数据寄存器（GPIOx_ODR）或外设（复用功能输出）输出数据。
（4）可为每个 I/O 选择不同的速度。
（5）输入状态：浮空、上拉/下拉、模拟。
（6）将数据输入输入数据寄存器（GPIOx_IDR）或外设（复用功能输入）。
（7）置位和复位寄存器（GPIOx_BSRR），对 GPIOx_ODR 具有按位写权限。
（8）锁定机制（GPIOx_LCKR），可冻结 I/O 配置。
（9）模拟功能。
（10）复用功能 I/O 选择寄存器（一个 I/O 最多可具有 16 个复用功能）。

（11）快速翻转，每次翻转最快只需要两个时钟周期。

（12）引脚复用非常灵活，允许将 I/O 引脚用作 GPIO 或多种外设功能中的一种。

根据以上列出的每个 I/O 端口的特性，可将通用 I/O（GPIO）端口的各个端口位分别配置为多种模式：

（1）输入浮空。

（2）输入上拉。

（3）输入下拉。

（4）模拟功能。

（5）具有上拉或下拉功能的开漏输出。

（6）具有上拉或下拉功能的推挽输出。

（7）具有上拉或下拉功能的复用功能推挽。

（8）具有上拉或下拉功能的复用功能开漏。

2. 端口使用

1）复位后的 I/O 引脚

在复位期间及复位刚刚完成后，复用功能尚未激活，I/O 端口被配置为输入浮空模式。复位后，调试引脚处于复用功能上拉/下拉状态。

（1）PA15：JTDI 处于上拉状态。

（2）PA14：JTCK/SWCLK 处于下拉状态。

（3）PA13：JTMS/SWDAT 处于下拉状态。

（4）PB4：NJTRST 处于上拉状态。

（5）PB3：JTDO 处于浮空状态。

当引脚配置为输出后，写入输出数据寄存器（GPIOx_ODR）的值将在 I/O 引脚上输出。可以在推挽模式或开漏模式下使用输出驱动器。输入数据寄存器（GPIOx_IDR）每隔一个 AHB1 时钟周期捕获一次 I/O 引脚的数据。所有 GPIO 引脚都具有内部弱上拉及下拉电阻，可根据 GPIOx_PUPDR 寄存器中的值来打开/关闭。

2）I/O 引脚的复用和映射

微控制器 I/O 引脚通过一个复用器连接到板载外设/模块，该复用器一次仅允许一个外设的复用功能（AF）连接到 I/O 引脚。这可以确保共用同一个 I/O 引脚的外设之间不会发生冲突。每个 I/O 引脚都有一个复用器，该复用器采用 16 路复用功能输入（AF0～AF15），可通过 GPIOx_AFRL（针对引脚 0～7）和 GPIOx_AFRH（针对引脚 8～15）寄存器对这些输入进行配置。

（1）完成复位后，所有 I/O 都会连接到系统的复用功能 0（AF0）。

（2）外设的复用功能映射到 AF1～AF13。

（3）Cortex-M4FEVENTOUT 映射到 AF15。

3）I/O 端口相关寄存器

每个 GPIO 有 4 个 32 位存储器映射的控制寄存器（GPIOx_MODER、GPIOx_OTYPER、GPIOx_OSPEEDR、GPIOx_PUPDR），可配置多达 16 个 I/O。GPIOx_MODER 寄存器用于选择 I/O 方向（输入、输出、AF、模拟）。GPIOx_OTYPER 和 GPIOx_OSPEEDR 寄存器分别用

于选择输出类型（推挽或开漏）和速度（无论采用哪种 I/O 方向，都会直接将 I/O 速度引脚连接到相应的 GPIOx_OSPEEDR 寄存器位）。无论采用哪种 I/O 方向，GPIOx_PUPDR 寄存器都用于选择上拉/下拉。

每个 GPIO 都具有 2 个 16 位数据寄存器，即输入数据寄存器和输出数据寄存器（GPIOx_IDR 和 GPIOx_ODR）。GPIOx_ODR 用于存储待输出数据，可对其进行读/写访问。通过 I/O 输入的数据存储到输入数据寄存器（GPIOx_IDR）中，该寄存器是一个只读寄存器。

4）I/O 端口数据位操作

置位复位寄存器（GPIOx_BSRR）是一个 32 位寄存器，它允许应用程序在输出数据寄存器（GPIOx_ODR）中对各个单独的数据位执行置位和复位操作。置位复位寄存器的大小是 GPIOx_ODR 的 2 倍。

GPIOx_ODR 中的每个数据位对应 GPIOx_BSRR 中的两个控制位：BSRR(i) 和 BSRR(i+SIZE)。当写入 1 时，BSRR(i)位会置位对应的 ODR(i)位。当写入 1 时，BSRR(i+SIZE) 位会清零 ODR(i)对应的位。

在 GPIOx_BSRR 中向任何位写入 0 都不会对 GPIOx_ODR 中的对应位产生影响。如果在 GPIOx_BSRR 中同时尝试对某个位执行置位和清零操作，则置位操作优先。

使用 GPIOx_BSRR 寄存器更改 GPIOx_ODR 中各个位的值是一个"单次"操作，不会锁定 GPIOx_ODR 位，随时可以直接访问 GPIOx_ODR 位。GPIOx_BSRR 寄存器提供了一种执行按位处理的方法。

在对 GPIOx_ODR 进行位操作时，软件无须禁止中断。

5）GPIO 锁定机制

通过将特定的写序列应用到 GPIOx_LCKR 寄存器，可以冻结 GPIO 控制寄存器。冻结的寄存器包括 GPIOx_MODER、GPIOx_OTYPER、GPIOx_OSPEEDR、GPIOx_PUPDR、GPIOx_AFRL 和 GPIOx_AFRH。

要对 GPIOx_LCKR 寄存器执行写操作，必须应用特定的写/读序列。当正确的 LOCK 序列应用到此寄存器的第 16 位后，会使用 LCKR[15:0]的值来锁定 I/O 的配置（在写序列期间，LCKR[15:0]的值必须相同）。将 LOCK 序列应用到某个端口位后，在执行下一次复位之前，将无法对该端口位的值进行修改。每个 GPIOx_LCKR 位都会冻结控制寄存器（GPIOx_MODER、GPIOx_OTYPER、GPIOx_OSPEEDR、GPIOx_PUPDR、GPIOx_AFRL 和 GPIOx_AFRH）中的对应位。

LOCK 序列只能通过对 GPIOx_LCKR 寄存器进行字（32 位长）访问的方式来执行，因为 GPIOx_LCKR 的第 16 位必须与[15:0]位同时置位。

6）I/O 端口复用功能

有 2 个寄存器（GPIOx_AFRL 和 GPIOx_AFRH）可用来从每个 I/O 可用的 16 个复用功能 I/O 中进行选择。借助这些寄存器，可根据应用程序的要求将某个复用功能连接到其他某个引脚。

这意味着可使用 GPIOx_AFRL 和 GPIOx_AFRH 复用功能寄存器在每个 GPIO 上复用多个可用的外设功能。因此，应用程序可为每个 I/O 选择任何一个可用功能。由于 AF 选择信号由复用功能输入和复用功能输出共用，因此只需为每个 I/O 的复用功能 I/O 选择一个通道即可。所有端口都具有外部中断功能。要使用外部中断线，必须将端口配置为输入模式。

7) 输入/输出配置方法

当 I/O 端口进行编程作为输入时,输出缓冲器被关闭;施密特触发器输入被打开;根据 GPIOx_PUPDR 寄存器中的值决定是否打开上拉和下拉电阻;输入数据寄存器每隔 1 个 AHB1 时钟周期对 I/O 引脚上的数据进行一次采样;对输入数据寄存器的读访问可获取 I/O 状态。

当 I/O 端口进行编程作为输出时,首先输出缓冲器被打开。在开漏模式下,输出寄存器中的"0"可激活 N-MOS,而输出寄存器中的"1"会使端口保持高阻态(P-MOS 始终不激活)。在推挽模式下,输出寄存器中的"0"可激活 N-MOS,而输出寄存器中的"1"可激活 P-MOS。

其次施密特触发器输入被激活,根据 GPIOx_PUPDR 寄存器中的值决定是否打开弱上拉电阻和下拉电阻,输入数据寄存器每隔 1 个 AHB1 时钟周期对 I/O 引脚上的数据进行一次采样。在开漏模式下,对输入数据寄存器的读访问可获取 I/O 状态;在推挽模式下,对输出数据寄存器的读访问可获取最后的写入值。

8) 模拟配置方法

当 I/O 端口进行编程作为模拟配置时,输出缓冲器被禁止;施密特触发器输入停用,I/O 引脚的每个模拟输入的功耗变为零。施密特触发器的输出被强制处理为恒定值(0),弱上拉和下拉电阻被关闭,对输入数据寄存器的读访问值为"0"。

3. I/O 端口初始化函数

GPIO 相关函数和定义分布在固件库文件 stm32f4××_GPIO.c 和头文件 stm32f4××_GPIO.h 文件中。在固件库开发中,操作 4 个配置寄存器初始化 GPIO 通过 GPIO 初始化函数完成:

```
voidGPIO_Init(GPIO_TypeDef*GPIOx,GPIO_InitTypeDef*GPIO_InitStruct)
```

这个函数有 2 个参数,第 1 个参数用来指定需要初始化的 GPIO 对应的 GPIO 组,取值范围为 GPIOA~GPIOK。第 2 个参数为初始化参数结构体指针,结构体类型为 GPIO_InitTypeDef。

下面来看这个结构体的定义。

```
typedef struct
{   uint32_t GPIO_Pin;
    GPIOMode_TypeDef GPIO_Mode;
    GPIOSpeed_TypeDef GPIO_Speed;
    GPIOOType_TypeDef GPIO_OType;
    GPIOPuPd_TypeDef GPIO_PuPd;
}GPIO_InitTypeDef;
```

下面通过一个 GPIO 初始化实例来讲解这个结构体的成员变量的含义。通过初始化结构体初始化 GPIO 的常用格式如下:

```
GPIO_InitTypeDef GPIO_InitStructure;
GPIO_InitStructure.GPIO_Pin=GPIO_Pin_9;              //GPIOF9
GPIO_InitStructure.GPIO_Mode=GPIO_Mode_OUT;          //普通输出模式
GPIO_InitStructure.GPIO_Speed=GPIO_Speed_100MHz;//100MHz
GPIO_InitStructure.GPIO_OType=GPIO_OType_PP;         //推挽输出
```

```
GPIO_InitStructure.GPIO_PuPd=GPIO_PuPd_UP;         //上拉
GPIO_Init(GPIOF,&GPIO_InitStructure);              //初始化 GPIO
```

上面代码的意思是，设置 GPIOF 的第 9 个端口为推挽输出模式，速度为 100MHz，上拉形式。从上面初始化代码可以看出，结构体 GPIO_InitStructure 的第一个成员变量 GPIO_Pin 用来设置是要初始化哪个或哪些 I/O 口。

第 2 个成员变量 GPIO_Mode 用来设置对应 I/O 端口的 I/O 端口模式，这个值实际就是配置 GPIOx 的 MODER 寄存器的值。在 MDK 中端口模式是通过一个枚举类型定义的，其参数值 GPIO_Mode_IN 表示设置为复位状态的输入，GPIO_Mode_OUT 表示通用输出模式，GPIO_Mode_AF 表示复用功能模式，GPIO_Mode_AN 表示模拟输入模式。

第 3 个成员变量 GPIO_Speed 是 I/O 口输出速度设置，有 4 个可选值，即配置 GPIO 对应的 OSPEEDR 寄存器的值。在 MDK 中输出速度同样是通过枚举类型定义的，其参数值 GPIO_Speed_2MHz 等同于 GPIO_Low_Speed，GPIO_Speed_25MHz 等同于 GPIO_Medium_Speed，GPIO_Speed_50MHz 等同于 GPIO_Fast_Speed，GPIO_Speed_100MHz 等同于 GPIO_High_Speed。

第 4 个成员变量 GPIO_OType 是 GPIO 的输出类型设置，即配置 GPIO 对应的 OTYPER 寄存器的值。在 MDK 中输出类型设置也是通过枚举类型定义的，其参数值 GPIO_OType_PP 表示输出推挽模式，GPIO_OType_OD 表示输出开漏模式。

第 5 个成员变量 GPIO_PuPd 用来设置 I/O 口的上下拉，即配置 GPIO 对应的 PUPDR 寄存器的值。同样，通过枚举类型列出，其参数值 GPIO_PuPd_NOPULL 为不使用上下拉，GPIO_PuPd_UP 为上拉，GPIO_PuPd_DOWN 为下拉，只需根据需要设置相应的值即可。

4. I/O 端口主要固件函数

1) I/O 端口输出控制函数

在固件库中设置 ODR 寄存器的值来控制 I/O 口的输出状态是通过函数 GPIO_Write 来实现的。函数格式如下：

```
void GPIO_Write(GPIO_TypeDef* GPIOx, uint16_t PortVal);
```

该函数可用来一次性向 GPIO 的多个端口设值。大部分情况下，设置 I/O 口不用这个函数。使用实例如下：

```
uint16_t GPIO_Write(GPIOA,0x0000);
```

2) I/O 端口输出状态读函数

固件库函数可以通过读 ODR 寄存器检测 I/O 口的输出状态。函数格式如下：

```
uint16_t GPIO_ReadOutputData(GPIO_TypeDef* GPIOx);
uint8_t GPIO_ReadOutputDataBit(GPIO_TypeDef* GPIOx, uint16_t GPIO_Pin);
```

这两个函数功能类似，只不过前者一次性读取某组端口所有 I/O 口输出状态，后者一次性读取某组端口的一个或多个 I/O 口的输出状态。使用实例如下：

```
uint16_t GPIO_ReadOutputData(GPIOB);            //读取 GPIOB.0～GPIOB.15 输出状态
uint8_t GPIO_ReadOutputDataBit(GPIOB, GPIO_Pin_1);   //读取 GPIOB.1 输出状态
```

3）I/O 端口输入状态读函数

固件库函数可以通过读 ODR 寄存器检测 I/O 口的输入状态。函数格式如下：

```
uint16_t GPIO_ReadInputData(GPIO_TypeDef* GPIOx);
uint8_t GPIO_ReadInputDataBit(GPIO_TypeDef* GPIOx, uint16_t GPIO_Pin);
```

使用实例如下：

```
uint16_t GPIO_ReadInputData(GPIOC);                      //读取 GPIOC.0-15 输入状态
uint8_t GPIO_ReadInputDataBit(GPIOC, GPIO_Pin_5);//读取 GPIOC.5 输入状态
```

4）I/O 端口电平写函数

库函数操作 BSRR 寄存器来设置 I/O 电平的函数如下：

```
void GPIO_SetBits(GPIO_TypeDef* GPIOx, uint16_t GPIO_Pin);
void GPIO_ResetBits(GPIO_TypeDef* GPIOx, uint16_t GPIO_Pin);
```

第 1 行用来设置某组端口中的一个或多个 I/O 口为高电平。第 2 行用来设置某组端口中一个或多个 I/O 口为低电平。使用实例如下：

```
GPIO_SetBits(GPIOD,GPIO_Pin_5| GPIO_Pin_6);  //GPIOB.5～GPIOB.6 输出高电平
GPIO_ResetBits(GPIOE,GPIO_Pin_2| GPIO_Pin_4);//GPIOB.2/4 输出低电平
```

6.2.3 可编程中断控制与配置

1. STM32F4 处理器中断概述

Cortex-M4 系列处理器内核支持 256 个中断，其中包含 16 个内核中断和 240 个外部中断，并且具有 256 级的可编程中断设置。但是，STM32F4 处理器并没有使用 Cortex-M4 内核的全部内容，而是只用了它的一部分。

STM32F40××/STM32F41××共有 92 个中断，STM32F42××/STM32F43××共有 96 个中断。STM32F40××/STM32F41××的 92 个中断中，包括 10 个内核中断和 82 个可屏蔽中断，具有 16 级可编程的中断优先级，而我们常用的就是这 82 个可屏蔽中断。在 MDK 内，与 NVIC 相关的寄存器，MDK 为其定义了如下结构体：

```
typedef struct
{   __I/O uint32_t ISER[8];      //!<Interrupt Set Enable Register
    uint32_t RESERVED0[24];
   __I/O uint32_t ICER[8];       //!<Interrupt Clear Enable Register
    uint32_t RSERVED1[24];
   __I/O uint32_t ISPR[8];       //!<Interrupt Set Pending Register
    uint32_t RESERVED2[24];
   __I/O uint32_t ICPR[8];       //!<Interrupt Clear Pending Register
    uint32_t RESERVED3[24];
   __I/O uint32_t IABR[8];       //!<Interrupt Active bit Register
    uint32_t RESERVED4[56];
   __I/O uint8_t IP[240];        //!<Interrupt PrI/Ority Register,8Bit wide
    uint32_t RESERVED5[644];
```

```
    __O uint32_t STIR;              //!<Software Trigger Interrupt Register
} NVIC_Type;
```

2. STM32F4 处理器中断寄存器

STM32F4 处理器的中断在这些寄存器的控制下有序地执行。下面重点介绍几个寄存器。

（1）ISER[8]：全称为 Interrupt Set-Enable Registers。

这是一个中断使能寄存器组。Cortex-M4 内核支持 256 个中断，这里用 8 个 32 位寄存器来控制，每个位控制一个中断。但是，STM32F4 处理器的可屏蔽中断最多只有 82 个，所以有用的就是 3 个（ISER[0:2]），总共可以表示 96 个中断。ISER[0]的 bit0～31 分别对应中断 0～31，ISER[1]的 bit0～bit32 对应中断 32～63，ISER[2]的 bit0～bit17 对应中断 64～81。这样就与 82 个中断就分别对应上了。要使能某个中断，必须设置相应的 ISER 位为 1，使该中断被使能（这里仅仅是使能，还要配合中断分组、屏蔽、I/O 口映射等设置才算是一个完整的中断设置）。

（2）ICER[8]：全称为 Interrupt Clear-Enable Registers。

这是一个中断除能寄存器组。该寄存器组与 ISER 的作用恰好相反，用来清除某个中断的使能。其对应位的功能，也和 ICER 一样。这里要专门设置一个 ICER 来清除中断位，而不是向 ISER 写 0 来清除。这是因为 NVIC 的这些寄存器都是写 1 有效，写 0 无效的。

（3）ISPR[8]：全称为 Interrupt Set-Pending Registers。

这是一个中断挂起控制寄存器组。每个位对应的中断和 ISER 是一样的。通过置 1 可以将正在进行的中断挂起，而执行同级或更高级别的中断；但写 0 是无效的。

（4）ICPR[8]：全称为 Interrupt Clear-Pending Registers。

这是一个中断解挂控制寄存器组。其作用与 ISPR 相反，对应位和 ISER 是一样的。通过设置 1，可以将挂起的中断接挂，但写 0 是无效的。

（5）IABR[8]：全称为 Interrupt Active Bit Registers。

这是一个中断激活标志位寄存器组。对应位所代表的中断和 ISER 一样，如果为 1，则表示该位所对应的中断正在被执行。这是一个只读寄存器，通过它可以知道当前在执行的中断是哪一个。在中断执行完后由硬件自动清零。

（6）IP[240]：全称为 Interrupt PrI/Ority Registers。

这是一个中断优先级控制的寄存器组。STM32F4 处理器的中断分组与这个寄存器组密切相关。IP 寄存器组由 240 个 8 位的寄存器组成，每个可屏蔽中断占用 8 位，这样共可以表示 240 个可屏蔽中断。而 STM32F4 处理器只用到了其中 82 个。IP[81]～IP[0]分别对应中断 81～0。每个可屏蔽中断占用的 8 位并没有全部使用，而是只用了高 4 位。这 4 位，又分为抢占优先级和响应优先级。抢占优先级在前，响应优先级在后。这两个优先级各占几位要根据 SCB->AIRCR 中的中断分组设置来决定。

3. STM32F4 处理器中断优先级设置

STM32F4 处理器将中断分为 5 组，组号为 0～4。分组设置是由 SCB->AIRCR 寄存器的 bit10～bit8 来定义的。具体的分配关系见表 6-1。

第6章 STM32F4 处理器的工作原理

表 6-1 AIRCR 中断分组设置

组	AIRCR[10:8]	bit[7:4]分配情况	分配结果
0	111	0:4	0 位抢占优先级，4 位响应优先级
1	110	1:3	1 位抢占优先级，3 位响应优先级
2	101	2:2	2 位抢占优先级，2 位响应优先级
3	100	3:1	3 位抢占优先级，1 位响应优先级
4	011	4:0	4 位抢占优先级，0 位响应优先级

通过表 6-1 可以清楚地看到，组 0~4 对应的配置关系。例如，组设置为 3，那么此时所有 82 个中断，每个中断的中断优先寄存器的高 4 位中的最高 3 位是抢占优先级，低 1 位是响应优先级。每个中断可以设置抢占优先级为 0~7，响应优先级为 1 或 0。抢占优先级的级别高于响应优先级，数值越小所代表的优先级越高。

需要注意的是，第一，如果两个中断的抢占优先级和响应优先级都是一样的，则看哪个中断先发生就先执行哪个中断；第二，高优先级的抢占优先级可以打断正在进行的低抢占优先级中断。抢占优先级相同的中断，高优先级的响应优先级不可以打断低响应优先级的中断。

例如，假定设置中断优先级组为 2，设置中断 3（RTC_WKUP 中断）的抢占优先级为 2，响应优先级为 1。中断 6（外部中断 0）的抢占优先级为 3，响应优先级为 0。中断 7（外部中断 1）的抢占优先级为 2，响应优先级为 0。这 3 个中断的优先级顺序为中断 7>中断 3>中断 6。中断 3 和中断 7 都可以打断中断 6。中断 7 和中断 3 不可以相互打断。

4. 中断优先级配置函数

中断控制器（NVIC）的中断管理函数主要在 misc.c 文件中。设置中断时首先需使用中断优先级分组函数 NVIC_PrI/OrityGroupConfig。

1）中断优先级分组函数 NVIC_PrI/OrityGroupConfig

其函数声明如下：

```
void NVIC_PrI/OrityGroupConfig(uint32_t NVIC_PrI/OrityGroup);
```

这个函数的作用是对中断的优先级进行分组，在系统中只能调用一次，一旦分组确定最好不要更改。函数实现如下：

```
void NVIC_PrI/OrityGroupConfig(uint32_t NVIC_PrI/OrityGroup)
{   assert_param(IS_NVIC_PRI/ORITY_GROUP(NVIC_PrI/OrityGroup));
    SCB->AIRCR=AIRCR_VECTKEY_MASK | NVIC_PrI/OrityGroup;
}
```

从函数体可以看出，这个函数的唯一目的是通过设置 SCB->AIRCR 寄存器来设置中断优先级分组。而其入口参数通过双击选中函数体中的"IS_NVIC_PRI/ORITY_GROUP"，右击"Go to defitI/On of…"，在弹出的快捷菜单中可以看到：

```
#define IS_NVIC_PRI/ORITY_GROUP(GROUP)
(((GROUP) == NVIC_PrI/OrityGroup_0) ||((GROUP) == NVIC_PrI/OrityGroup_1) || \
((GROUP) == NVIC_PrI/OrityGroup_2) || ((GROUP) == NVIC_PrI/OrityGroup_3) || \
((GROUP) == NVIC_PrI/OrityGroup_4))
```

即分组范围为0~4。例如,设置整个系统的中断优先级分组值为2,方法如下:

```
NVIC_PrI/OrityGroupConfig(NVIC_PrI/OrityGroup_2);
```

这样,就确定了"2位抢占优先级,2位响应优先级"。

设置好系统中断分组后,还要确定每个中断的抢占优先级和响应优先级,需使用中断初始化函数 NVIC_Init。

2)中断初始化函数 NVIC_Init

其函数声明如下:

```
void NVIC_Init(NVIC_InitTypeDef* NVIC_InitStruct)
```

其中,NVIC_InitTypeDef 是一个结构体,结构体的成员变量如下:

```
typedef struct
{   uint8_t NVIC_IRQChannel;
    uint8_t NVIC_IRQChannelPreemptI/OnPrI/Ority;
    uint8_t NVIC_IRQChannelSubPrI/Ority;
    FunctI/OnalState NVIC_IRQChannelCmd;
} NVIC_InitTypeDef;
```

由上可知,NVIC_InitTypeDef 结构体中间有 4 个成员变量,这 4 个成员变量的作用如下:

(1)NVIC_IRQChannel:定义初始化的是哪个中断,可以在 stm32f4××.h 中定义的枚举类型 IRQn 的成员变量中找到每个中断对应的名称。例如,串口 1 对应 USART1_IRQn。

(2)NVIC_IRQChannelPreemptI/OnPrI/Ority:定义这个中断的抢占优先级别。

(3)NVIC_IRQChannelSubPrI/Ority:定义这个中断的响应优先级别。

(4)NVIC_IRQChannelCmd:该中断通道是否使能。

例如,要使能串口 1 的中断,同时设置抢占优先级为 1,响应优先级位 2,初始化的方法如下:

```
NVIC_InitTypeDefNVIC_InitStructure;
NVIC_InitStructure.NVIC_IRQChannel=USART1_IRQn;        //串口1中断
NVIC_InitStructure.NVIC_IRQChannelPreemptI/OnPrI/Ority=1;//抢占优先级为1
NVIC_InitStructure.NVIC_IRQChannelSubPrI/Ority=2;      //响应优先级位2
NVIC_InitStructure.NVIC_IRQChannelCmd=ENABLE;          //IRQ通道使能
NVIC_Init(&NVIC_InitStructure);                        //根据上面指定的参数初始化NVIC寄存器
```

中断优先级的设置步骤如下:系统运行开始的时候先设置中断分组,确定组号,即确定抢占优先级和响应优先级的分配位数,调用函数为 NVIC_PrI/OrityGroupConfig;再设置所用到的中断的优先级别,对每个中断调用函数 NVIC_Init。

思 考 题

1. 阅读 Cortex-M4 处理器的启动文件,简要介绍其启动过程。
2. 阐述处理器启动文件与主文件之间的关系。

3. 阐述 STM32F4 处理器 5 个时钟源的特点及用途。
4. 阐述 STM32F4 处理器端口特点。
5. 说明 STM32F4 处理器端口的使用方法。
6. 阐述 STM32F4 处理器的中断源及优先级数量。
7. 说明 STM32F4 处理器的中断配置方法。

第 7 章

STM32F4 处理器的编程开发环境

本章首先介绍了 STM32F4 处理器的编程环境 Keil MDK 开发工具，并讲解了意法半导体公司提供的 STM32F4 固件库文件结构；然后采用图文形式说明了 MDK 工程建立步骤；最后对 MDK 工具的下载和调试方法做了介绍。

本章主要内容如下：

（1）STM32F4 处理器编程环境；
（2）MDK 工程模板的建立；
（3）程序下载与调试。

7.1 STM32F4 处理器编程环境

ARM 处理器编程开发环境既有通用型开发套件，也有处理器公司配套的专用型开发套件。对于 STM32F4 处理器而言，常用的编程开发环境有 Keil MDK 开发套件、IAR Embedded Workbench 开发套件，以及 Windows 系统上的 Visual Studio 开发套件。

7.1.1 Keil MDK 开发工具

Keil MDK 软件源自德国的 KEIL 公司，是 RealView MDK 的简称。MDK5.10 版本使用 μVision5 集成开发环境，是针对 ARM 处理器，尤其是 Cortex M 内核处理器的最佳开发工具。Keil MDK 软件的功能特点如下：

（1）完美支持 Cortex-M、Cortex-R4、ARM7 和 ARM9 系列器件。
（2）行业领先的 ARM C/C++编译工具链。
（3）确定的 Keil RTX，小封装实时操作系统（带源码）。
（4）μVision4 集成开发环境、调试器和仿真环境。
（5）TCP/IP 网络套件提供多种的协议和各种应用。
（6）提供带标准驱动类的 USB 设备和 USB 主机栈。
（7）为带图形用户接口的嵌入式系统提供了完善的 GUI 库支持。
（8）ULINKpro 可实时分析运行中的应用程序，且能记录 Cortex-M 指令的每一次执行。
（9）关于程序运行的完整代码覆盖率信息。
（10）执行分析工具和性能分析器可使程序得到最优化。

（11）大量的项目例程帮助用户快速熟悉 MDK-ARM 强大的内置特征。

（12）符合 Cortex 微控制器软件接口标准（Cortex Microcontroller Software Interface Standard，CMSIS）。

ARM 公司负责的是芯片内核的架构设计，而芯片生产公司根据 ARM 公司提供的芯片内核标准设计自己的芯片。任何一种 Cortex-M4 芯片，其内核结构都是一样的，不同的是它们的存储器容量、片上外设、I/O 接口及其他模块。所以，不同公司设计的 Cortex-M4 芯片的端口数量、串口数量、控制方法都是有区别的，这些资源可以根据自己的需求理念来设计，即使同一家公司设计的多种 Cortex-M4 内核芯片也会有很大的区别，如 STM32F407 和 STM32F429，其片上外设就有很大的区别。

ARM 公司为了让不同芯片公司生产的 Cortex-M4 芯片能在软件上基本兼容，和芯片生产公司共同提出了一套 CMSIS，意法半导体公司官方库就是根据这套标准为 STM32F4 微处理器芯片设计了相应的 STM32F4 固件库。关于对 CMSIS 的理解，可以举一个简单的例子：CMSIS 规定，系统初始化函数名称必须为 SystemInit，所以各个芯片公司写自己的库函数的时候都必须用 SystemInit 对系统进行初始化。

7.1.2 STM32F4 固件库

STM32F4 固件库文件体系结构如图 7-1 所示。整个体系结构可以分为 3 层，底层是硬件层（PPP）、中间层是 API 层、顶层是应用程序层。硬件层包括内核、定时器、串口、中断控制器等。API 层是由 STM32F4 库函数组成，向下负责与内核和外设直接交互，向上提供用户程序调用的函数接口。应用程序层体现为 Application.c 文件，该文件名称可以任意取。在工程中，一般取名为 main.c。

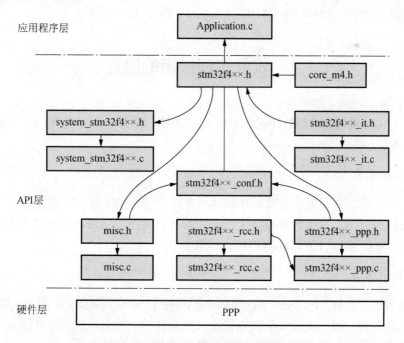

图 7-1 STM32F4 固件库文件体系架构

中间层 API 层中包含各种符合 CMSIS 的 STM32F4 库函数，这些库函数存储于一系列文件中。这些文件的作用及相互关系如下：

文件 core_cm4.h 位于\STM32F4××_DSP_StdPeriph_Lib_V1.4.0\Libraries\CMSIS\Include 目录下面，是 CMSIS 核心文件，提供进入 M4 内核的接口，由 ARM 公司提供，对所有 M4 内核的芯片都一样。

文件 stm32f4××.h 是 STM32F4 处理器片上外设访问层头文件。这个文件中包含非常多的结构体及宏定义。这个文件中主要包含系统寄存器定义声明及包装内存操作，同时该文件还包含一些时钟相关的定义、FPU 和 MPU 开启定义、中断相关定义等。

文件 system_stm32f4××.h 是片上外设接入层系统头文件，主要用于声明设置系统及总线时钟相关的函数。其对应的源文件是 system_stm32f4××.c，这个文件中有一个非常重要的 SystemInit()函数声明，这个函数在系统启动的时候会被调用，用来设置系统的整个系统和总线时钟。

文件 stm32f4××_it.c 和 stm32f4××_it.h 用来编写中断服务函数，中断服务函数也可以随意编写在工程里面的任意一个文件中。

文件 stm32f4××_conf.h 是外设驱动配置文件。打开该文件可以看到一堆#include，建立工程的时候，可以注释掉一些不需要的外设头文件。

文件 misc.c、misc.h、stm32f4××_ppp.c、stm32f4××_ppp.h、stm32f4××_rcc.c 和 stm32f4××_rcc.h 存放在目录 Libraries\STM32F4××_StdPeriph_Driver 中。这些文件是 STM32F4 标准的外设库文件。

其中，misc.c 和 misc.h 是与定义中断优先级分组及 SysTick 定时器相关的函数。stm32f3××_rcc.c 和 stm32f4××_rcc.h 是与 RCC 相关的一些操作函数，作用主要是一些时钟的配置和使能。在任何一个 STM32 工程中，RCC 相关的源文件和头文件是必须添加的。文件 stm32f4××_ppp.c 和 stm32f4××_ppp.h 是 STM32F4 处理器标准外设固件库对应的源文件和头文件，包括一些常用外设，如 GPIO、ADC、USART、I^2C、定时器等。

7.2 MDK 工程模板的建立

以 Keil μVision 软件和 STM32F407VET6 芯片为例，固件库版本为 V1.4。下面介绍新建工程的主要步骤。

1. 建立工程目录

在建立工程之前，首先要在计算机中新建一个用户自己的文件夹，其后建立的工程都可以放在这个文件夹下面。为了方便存放工程需要的其他文件，还需在该文件夹中再新建下面 4 个子文件夹，即 CORE、FWLIB、OBJ、USER。

2. 新建 Keil 工程

打开 Keil 界面，选择"Project→New μVision Project"命令，如图 7-2 所示，弹出"Greate New Project"对话框，将"保存在"文本框定位到新建的文件夹中的 USER 子文件夹；再设置工程名后单击"保存"按钮，工程文件就都保存到 USER 文件夹下。

单击"保存"按钮后会弹出一个选择 Device 的对话框，可以根据实际使用的芯片来选择对应芯片型号，这里选择的是 STM32F407VE，如图 7-3 所示。该对话框右侧"Description"

列表框中还有该芯片的核心参数描述。

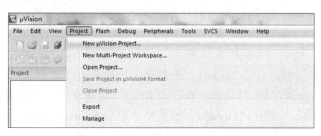

图 7-2　新建工程操作示意图

单击"OK"按钮后，MDK 会弹出"Manage Run-Time Environment"对话框，这是 MDK5 新增的功能，在这个对话框中，用户可以添加自己需要的组件，从而方便构建开发环境。这里单击"Cancel"按钮即可。

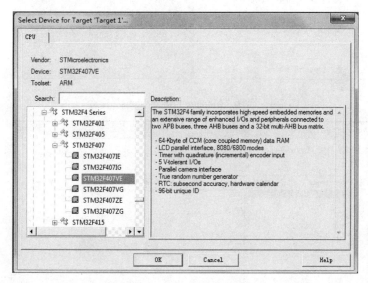

图 7-3　芯片选择操作示意图

3. 导入固件库的相关文件

（1）将官方固件库包中相关的启动文件复制到工程目录 CORE 之下。打开官方固件库包，找到目录 \STM32F4××_DSP_StdPeriph_Lib_V1.4.0\Libraries\CMSIS\Device\ST\STM3 2F4××\Source\Templates\arm，将文件 tartup_stm32f40_41×××.s 复制到 CORE 目录下面。定位到目录\STM32F4××_DSP_StdPeriph_Lib_V1.4.0\Libraries\CMSIS\Include，将里面的头文件 core_cm4.h、core_cm4_simd.h、core_cmFunc.h、core_cmInstr.h 复制到 CORE 目录下面。

（2）将官方固件库包中的驱动文件复制到工程目录 FWLib 之下。打开官方固件库包，定位到目录\STM32F4××_DSP_StdPeriph_Lib_V1.4.0\Libraries\STM32F4××_StdPeriph_Driver，将目录下面的 src、inc 文件夹复制到 FWLib 文件夹中。

（3）复制工程模板需要的一些头文件和源文件到工程中。将目录 STM32F4××_DSP_StdPeriph_Lib_V1.4.0\Libraries\CMSIS\Device\ST\STM32F4××\Include 中的两个头文件 stm32f4××.h 和 system_stm32f4××.h 复制到 USER 目录之下，将目录\STM32F4××_DSP_StdPeriph_Lib_V1.4.0\

Project\STM32F4××_StdPeriph_Template 中的 5 个文件 main.c、stm32f4××_conf.h、stm32f4××_it.c、tm32f4××_it.h 和 system_stm32f4××.c 复制到 USER 目录下面。

4. 添加文件到工程

（1）打开 MDK 编辑器，右击 Target1，在弹出的快捷菜单中选择"Manage Project Items"命令，如图 7-4 所示。在弹出的"Manage Project Items"对话框中的"Project Targets"列表框中将 Target 修改为工程名，并在"Groups"列表框中删除 Source Group1，建立 3 个 Groups，即 USE、CORE、FWLIB，然后单击"OK"按钮，如图 7-5 所示。

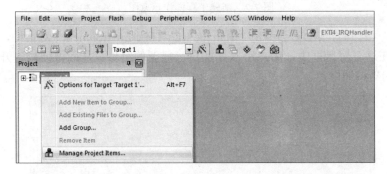

图 7-4　选择"Manage Project Items"命令

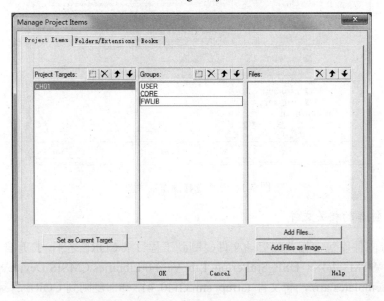

图 7-5　"Manage Project Items"对话框

（2）向 Group 中添加需要的文件。在"Manage Project Items"对话框中，选择需要添加文件的 Group。例如，先选择 FWLIB，然后单击"Add Files"按钮，弹出"Add Files to Group 'FWLIB'"对话框，将"查找范围"文本框定位到刚才建立的目录\FWLIB\src 下面，将所有的文件选中，然后单击"Add"按钮，再单击"Close"按钮，可以看到"Files"列表框下面包含所添加的文件，如图 7-6 所示。

注意：stm32f4××_fmc.c 要删掉，不要删错。

第 7 章　STM32F4 处理器的编程开发环境

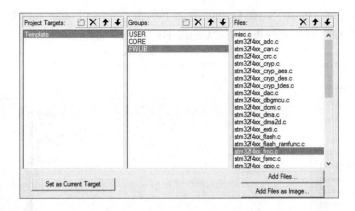

图 7-6　添加文件效果

用同样的方法，为 CORE 和 USER 下面，添加需要的文件。这里 CORE 下面需要添加的文件为 startup_stm32f40_41×××.s（注意，默认添加的时候文件类型为 .c，即添加 startup_stm32f40_41×××.s 启动文件时，需要选择文件类型为"All files"），USER 目录下面需要添加的文件为 main.c、stm32f4××_it.c、system_stm32f4××.c，最后单击"OK"按钮，回到工程主界面。

5．配置工程参数

（1）在 C/C++界面下配置，这是预编译的定义。单击工具栏中的"Options for Target"按钮，弹出"Options for Target 'Template'"对话框，选择"C/C++"选项卡，如图 7-7 所示。在"Define"文本框中输入"STM32F40_41×××,USE_STDPERIPH_DRIVER"，设置 Include Paths，单击相应链接，设置头文件路径，如图 7-8 所示。头文件路径包括\CORE、\USER\及\FWLIB\inc，设置完毕单击"OK"按钮。

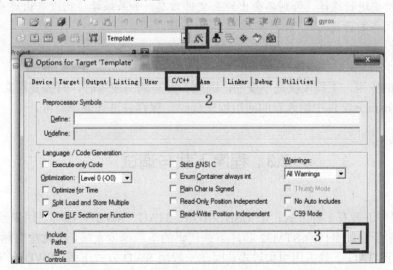

图 7-7　工程参数配置界面示意图

（2）在工具栏中单击"Options for Target"按钮，在弹出的"Options for Target 'Template'"

对话框中选择"Output"选项卡，在 Output 界面下单击"Select Folder for Objects"按钮，选择 Project 目录下的 Obj 文件夹；再选中"Create HEX File"复选框。

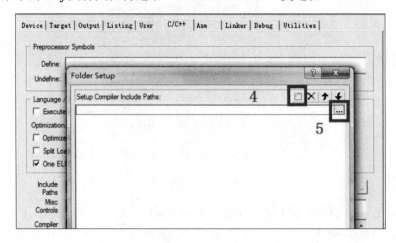

图 7-8　设置头文件路径示意图

6. 编译测试工程

通过上述操作一个基于固件库 V1.4 的工程模板就建立完成了，同时在工程的 Obj 目录下面生成了对应的.hex 文件。此时，还要删除 stm32f4××_it.c 中的两行程序，即 32 行的#include "main.h"语句和 145 行的 TimingDelay_Dcrement( )语句。

另外，还需要修改 System_stm32f4××.c 文件中系统时钟的配置，把 PLL 第一级分频系数 M 修改为 8（在该文件的第 316 行），这样主时钟频率为 168MHz。同时，要在 stm32f4××.h 文件中修改外部时钟 HSE_VALUE 值为 8MHz（将该文件的第 123 行的值 25000000 改成 8000000），这是因为外部高速时钟用的晶振为 8MHz。

注意：此时要进行编译，否则不会出现头文件信息。如果编译后仍没有出现头文件选项，则将编译器关闭再打开即可。

7. 编写应用程序

对于不同的应用，工程模板是不变的，因此在编写新的应用时，只需复制完整的工程目录，再直接在 main.c 文件中输入新的应用程序代码，保存并进行编译即可。

7.3　程序下载与调试

STM32 程序下载有多种方式，如 USB、串口、JTAG、SWD 等都可以用来给 STM32 芯片下载代码。由于通过串口给 STM32 芯片下载代码的下载速度太慢，因此在实际开发的时候不常用。又由于 JTAG 下载占用引脚过多，因此一般用 SWD 方式下载。SWD 有下载速度快、占用引脚少、支持在线调试等优点。

JTAG 和 SWD 下载方式需要使用支持 STM32 芯片下载的仿真器，使用较多的是 J-LINK 仿真器。J-LINK 是 SEGGER 公司为支持仿真 ARM 内核芯片推出的 JTAG 仿真器，支持 IAR

EWAR、ADS、Keil、WinARM、RealView 等集成开发环境。

7.3.1　J-LINK 仿真器下载

（1）使用 J-LINK 连接计算机和开发板，打开"Options for Target 'Template'"对话框，在"Ddbug"选项卡中选择仿真工具为 J-LINK/J-TRACE Cortex，并且选中"Run to main()"复选框，如图 7-9 所示。

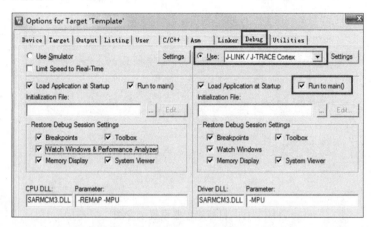

图 7-9　仿真器配置示意图

（2）单击"Settings"按钮，弹出"Cortex JLink/JTrace Target Driver Setup"对话框，选择如图 7-10 所示矩形框中的内容。

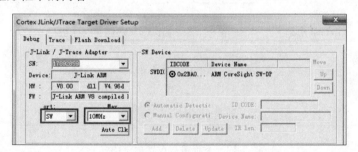

图 7-10　仿真器方式频率设置示意图

（3）这里选择 SWD 的调试速度是 10MHz。如果数据线质量较差，可以选择 5MHz 或更小。单击"确定"按钮完成设置。接下来还需要在"Utilities"选项卡中设置下载时的目标编程器，即首先打开"Options for Target 'Template'"对话框，选择"Utilities"选项卡，首先选中"Use Debug Driver"复选框，如图 7-11 所示。

（4）单击"Settings"按钮，在弹出的对话框中选中"Reset and Run"复选框，再选择如图 7-12 所示的选项。单击"Add"按钮，回到"Utilities"选项卡的界面，单击"OK"按钮，回到集成开发环境。

（5）配置完成后，即可进行编译。在工具栏中有 3 个编译按钮，分别是 Translate、Build、Rebuild。"Translate"按钮的功能是编译当前界面所在的一个 C 文件；"Build"按钮的功能是联合编译整个工程，发生修改的文件重新编译，并生成可执行文件；"Rebuild"按钮的功能是联合编译整个工程，所有文件都重新编译，并生成可执行文件。

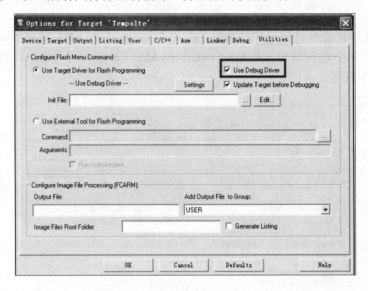

图 7-11　目标编程器设置示意图

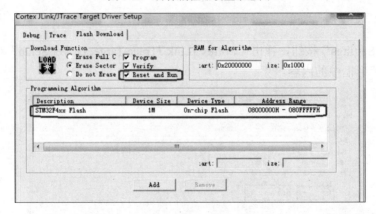

图 7-12　下载参数设置示意图

一般情况下，通常使用"Build"按钮进行编译。因为"Rebuild"按钮要把所有的文件都重新编译，需要消耗大量的时间。

（6）编译完成后，在下方的"Build Output"窗口中输出 0 警告，0 错误时，表明编译成功。如果出现错误，则可根据错误警示信息修改对应语句。

当编译成功后，将自动生成可执行文件，因此可以进行下载操作。"LOAD"按钮就是下载按钮，单击后即开始下载。编译及下载按钮如图 7-13 所示。下载完成之后，程序可以直接在开发板观察执行效果。

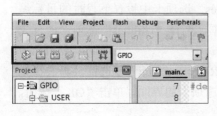

图 7-13　编译及下载按钮

7.3.2 使用 J-LINK 调试程序

程序调试是将编制的程序投入实际运行前，用手工或编译程序等方法进行测试，修正语法错误和逻辑错误的过程。这是保证计算机信息系统正确性的必不可少的步骤。J-LINK 仿真器是 STM32F4 处理器进行调试的硬件工具。

单击工具栏中的"仿真"按钮，即可进入调试状态，此时工具栏中自动出现 Debug 工具栏，如图 7-14 所示。

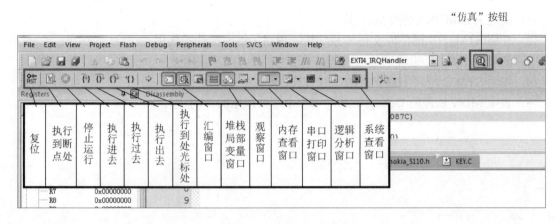

图 7-14 Debug 工具栏

下面对 Debug 工具栏进行解释。

（1）复位：其功能等同于在硬件上按"复位"按钮，相当于实现了一次硬复位。单击该按钮之后，代码会重新从头开始执行。

（2）执行到断点处：该按钮用来快速执行到断点处。有时候并不需要观看每步执行情况，而是想快速地执行到程序的某个地方查看结果，这个按钮就可以实现这样的功能，前提是要在查看的地方设置断点。

（3）停止运行：此按钮在程序一直执行的时候会变为有效，通过单击该按钮，就可以使程序停止下来，进入单步调试状态。

（4）执行进去：该按钮用来实现执行到某个函数里面的功能，在没有函数的情况下，其是等同于"执行过去"按钮的。

（5）执行过去：在遇到有函数的地方，通过该按钮可以单步执行过这个函数，而不进入这个函数单步执行。

（6）执行出去：该按钮是在进入函数单步调试后，有时可能不必再执行该函数的剩余部分，通过该按钮可直接一步执行完函数余下的部分，并跳出函数，回到函数被调用的位置。

（7）执行到光标处：该按钮可以迅速地使程序运行到光标处，其功能与"执行到断点处"按钮功能相似，但是两者是有区别的，断点可以有多个，但是光标所在处只有一个。

（8）汇编窗口：通过该按钮，可以查看汇编代码，这对分析程序很有用。

（9）堆栈局部变量窗口：单击该按钮，将显示"Call Stack+Locals"窗口，此窗口显示当前函数的局部变量及其值，方便查看。

（10）观察窗口：MDK5 提供两个观察窗口（下拉选择），单击该按钮，会弹出一个显示变量的窗口,输入想要观察的变量/表达式,即可查看其值。

(11) 内存查看窗口:MDK5 提供 4 个内存查看窗口(下拉选择),单击该按钮,会弹出一个内存查看窗口,在其中可以输入要查看的内存地址,观察这一片内存的变化情况。

思 考 题

1. 阐述 Keil MDK 软件的功能特点。
2. 介绍 STM32F4 固件库文件体系结构,说明关键库文件的作用。
3. 简要介绍 MDK 工程的建立过程。
4. 说明 STM32 程序下载支持的下载方式。
5. 说明 MDK 软件的 Debug 工具栏中各个调试按钮的作用。

第 8 章

STM32F4 处理器的基础应用设计

本章先对 STM32F4 实验教学平台做简单介绍，再依次讲述 7 个典型应用基础实例，并对各个实例的相关技术、软硬件设计方法进行说明。

本章主要内容如下：

（1）基础应用一　LED 灯显示实例；
（2）基础应用二　蜂鸣器发声实例；
（3）基础应用三　数码管显示实例；
（4）基础应用四　按键检测实例；
（5）基础应用五　外部中断实例；
（6）基础应用六　通用定时器实例；
（7）基础应用七　RTC 时钟实例。

8.1　STM32F4 实验教学平台

本书的各应用设计内容均可以在配套的 STM32F4 实验教学平台上运行。该实验教学平台以 STM32F407 处理器为核心，既具备 LED 灯、数码管、矩阵按键、串行通信、RTC、继电器输出等基本应用功能，也配置了红外接收、可擦除可编程只读存储器（Erasable Programmable Read Only Memory，EPROM）存储、飞控感应、超声波测距、温湿度检测等扩展功能模块，还增加了以太网通信、蓝牙通信、WiFi 通信及射频通信等通信功能模块。平台可以支持 JTAG 及 SWD 两种下载调试，实用方便、功能丰富。STM32F4 实验教学平台功能配置明细表见表 8-1。图 8-1 是该实验教学平台的外观图。

表 8-1　STM32F4 实验教学平台功能配置明细表

序号	功能	具体描述
1	微处理器核	STM32F407VET6
2	下载调试接口	JTAG、SWD
3	液晶屏	3.3 英寸（1 英寸≈2.54cm）带触摸屏的 TFT-LCD 屏
4	LED 指示灯	8 组
5	数码管	4 位

续表

序号	功能	具体描述
6	普通按键	4个
7	矩阵键盘	4×4
8	蜂鸣器	无源他激型
9	串行通信	USART1 或 USART2，RS232 输出
10	RTC	外接电池供电
11	继电器	单路
12	红外接收	HS0038
13	EPROM 存储	AT24C08
14	飞控感应	GY-87，包含 MPU6050、HMC5883、BMP083
15	超声波测距	SR04
16	温湿度检测	DHT11
17	以太网通信	ENC28J60
18	蓝牙通信	HC05
19	WiFi 通信	ESP8266
20	射频通信	NRF24L01

图 8-1　STM32F4 实验教学平台外观图

第 8 章 STM32F4 处理器的基础应用设计

STM32F407 微处理器是意法半导体公司推出的基于 Cortex-M4 架构的一款高性能微控制器，其计算能力与信号处理能力十分强大。该款微处理器采用了 90nm 的集成电路生产工艺和自适应实时存储器加速器（Adaptive Real-Time Memory Accelerator，ART）技术。其中，ART 技术既使程序实现零等待执行，提升了程序执行的效率，将 Cortext-M4 性能发挥到了极致，也使处理速度可达到 210DMIPS/168MHz。此外，STM32F4 系列微控制器集成了单周期 DSP 指令和 FPU，提升了计算能力，可以完成复杂的计算和控制任务。

STM32F4 实验教学平台使用的微处理器具体型号为 STM32F407VET6，其主时钟频率 168MHz，片内 Flash 为 512KB，片内 SRAM 为 192KB，其芯片封装形式为 LQFP100。其芯片引脚分布如图 8-2 所示。

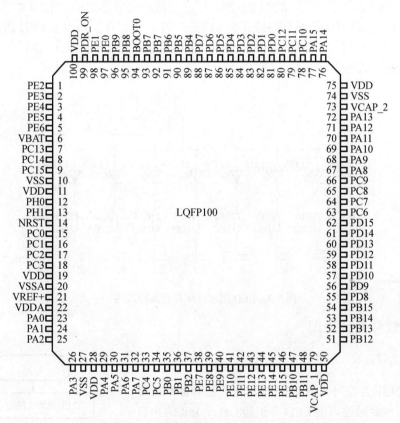

图 8-2 STM32F407VET6 微处理器引脚分布

8.2 LED 灯显示实例

对于任何微控制器，最简单的外设就是 I/O 口的高低电平控制，本实例将通过一个经典的流水灯程序，介绍 STM32F4 处理器的 I/O 口作为输出使用的方法。通过代码控制 STM32F4 实验教学平台上的 8 个 LED（LED1～LED8），实现多种流水灯的效果。

8.2.1 相关技术简介

发光二极管（Light-Emitting Diode，LED）在 20 世纪 60 年代得到迅速发展，几十年来，发光二极管在各种电路和嵌入式系统中得到了广泛的应用。LED 将电能转变成光能，可由半导体材料制成。当有一定强度的电流从 LED 的正极流入时，LED 会发光，在本开发板中，正极已接 3.3V，负极接在开发板的 I/O 口上，只需控制对应的 I/O 口输出低电平，LED 就会发光。

8.2.2 系统硬件组成

STM32F4 实验教学平台中有 8 组 LED 指示灯（LED1～LED8），排列为两行，每行 4 组。其硬件连接原理图如图 8-3 所示，8 组 LED 指示灯的负极经电阻接在 STM32F4 处理器的 PE8～PE15 引脚，LED 指示灯的正极并联经开关 S1 接在 VCC 上。在需要点亮 LED 指示灯时，需先按下开关 S1 保证所有 LED 指示灯的正极与 VCC 连通，对于需点亮 LED 指示灯，将其对应 GPIO 引脚输出低电平。

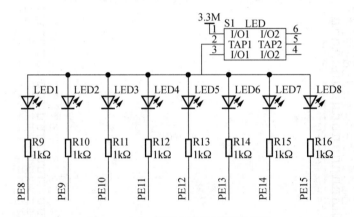

图 8-3 LED 指示灯硬件连接原理图

8.2.3 软件设计原理

1. 整体流程设计

系统启动后，首先对 8 组 LED 指示灯和延时参数进行初始化配置，主要通过调用 LED_Init 和 Delay_Init 两个自定义函数完成；然后根据预期的显示效果和实际位置，点亮相应 LED 指示灯等，每次动作都需一定的时间延时。流水灯程序软件设计流程图如图 8-4 所示。

2. 亮灭控制功能实现

自定义函数 LED_Init 函数内容可以参照 6.1.2 节主文件模板中初始化配置源程序，主要调用了 RCC_AHB1PeriphClockCmd、GPIO_Init、GPIO_SetBits 这 3 个固件函数，分别实现挂载在 AHB1 总线上的外设时钟使能、配置相关 I/O 口的参数及对相关 I/O 口置位。初始化结束后，

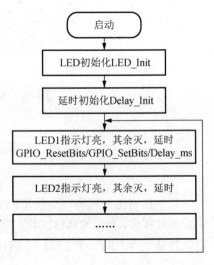

图 8-4 流水灯程序软件设计流程图

PE8~PE15 引脚被配置为输出模式，输出类型为推挽输出，输出速度为 100MHz，上拉，且全部呈高电平熄灭状态。随后进入死循环中，根据要求置位（GPIO_SetBits 函数）或复位（GPIO_ResetBits 函数）某些 I/O 口，并延时一段时间，实现各种流水灯的效果。

深入到寄存器层面来看，RCC_AHB1PeriphClockCmd 函数实际是对内部寄存器 RCC->AHB1ENR 的配置。

GPIO_Init 函数实际是对内部寄存器 MODER、OSPEEDR、OTYPER、PUPDR 的配置。例如，配置 Pin8 为输出模式，就是将 MODER 寄存器的位 16 和位 17 配置为 01。在官方提供的固件库中，通过以下两条语句来实现：

```
GPIOx->MODER&=~(GPIO_MODER_MODER0 << (pinpos*2));
GPIOx->MODER|=(((uint32_t)GPIO_InitStruct->GPIO_Mode) << (pinpos*2));
```

第 1 句的作用是将位 16 和位 17 置 0，第 2 句的作用将位 16 和位 17 配置为 01。端口速度和输出类型的寄存器配置方向和上面基本相同，都是通过这样的方法来实现的。

当控制 I/O 口输出高低电平（即配置 GPIO_SetBits 或 GPIO_ResetBits 函数）时，是通过控制 BSRR 寄存器来实现的，但是应当注意的是，该寄存器写 0 无效，写 1 才有效，控制 I/O 口为高电平时，是向低 16 位（位 0~15）写 1，控制 I/O 口为低电平时，是向高 16 位（位 16~31）写 1。

3. 延时功能实现

自定义函数 Delay_Init 实现对初始化函数的配置，STM32F4 处理器的 AHB 标准时钟为 168MHz，则该函数的形参 SYSCLK 设置为 168，即调用函数如下：

```
Delay_Init(168);
```

在随后的使用中，可以通过调用 Delay_us 和 Delay_ms 来实现微秒级和毫秒级延时效果。上述函数使用的具体代码，请读者自行阅读并理解示例源程序。

8.3 蜂鸣器发声实例

本实例采取将 STM32F4 处理器的 I/O 口作为输出使用的方法来控制板载无源他激型蜂鸣器发出声音，并且通过改变延时实现蜂鸣器声音频率的变化。

8.3.1 相关技术简介

蜂鸣器是一种一体化结构的电子讯响器，采用直流电压供电，广泛应用于计算机、打印机、复印机、报警器、电子玩具、汽车电子设备、电话机、定时器等电子产品中，作为发声器件。蜂鸣器主要分为压电式蜂鸣器和电磁式蜂鸣器两种类型，还可分为无源他激型蜂鸣器与有源自激型蜂鸣器两种。其中，有源自激型蜂鸣器自带了振荡电路，一通电就会发声；无源他激型蜂鸣器则没有自带振荡电路，必须外部提供 2~5kHz 左右的方波驱动，才能发声。开发板载的蜂鸣器是无源他激型蜂鸣器，如图 8-5 所示。

图 8-5　无源他激型蜂鸣器

STM32F4 处理器的单个 I/O 最大可以提供 25mA 电流，而蜂鸣器的驱动电流是 30mA 左右，两者十分相近，但是 STM32F407 整个芯片的电流，最大为 150mA，如果用 I/O 口直接驱动蜂鸣器，其他地方供电就会不足。所以，不采用 STM32F4 处理器的 I/O 直接驱动蜂鸣器，而是通过晶体管扩流后再驱动蜂鸣器，这样 STM32F4 处理器的 I/O 只需要提供不到 1mA 的电流就足够了。

8.3.2 系统硬件组成

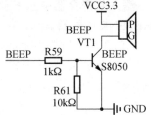

图 8-6 蜂鸣器硬件设计原理图

STM32F4 实验教学平台中将 PB8 引脚作为蜂鸣器的控制端口，其硬件设计原理图如图 8-6 所示，其中 BEEP 引脚即是开发板的 PB8 引脚。

在教学平台上，蜂鸣器是无源的，需要一定的频率才能驱动，简单地说，就是交替地给 BEEP 引脚高低电平，在高低电平之间加上延时，即可驱动无源他激型蜂鸣器响起来。从图 8-6 中也可以看出来，蜂鸣器和一个 NPN 型晶体管相连，晶体管的基极（BEEP）与 STM32F4 的 I/O 口相连，当 I/O 输出高电平时，晶体管导通，蜂鸣器通电。

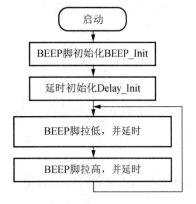

图 8-7 蜂鸣器程序软件设计流程图

8.3.3 软件设计原理

系统启动后，首先对 BEEP 控制口和延时参数进行初始化配置，主要通过调用 BEEP_Init 和 Delay_Init 两个自定义函数完成。其中，BEEP_Init 函数主要将 PB8 设置为推挽输出模式。而后在进入 while 循环后，延时一段时间将 BEEP 引脚清零，再延时一段时间将 BEEP 引脚置数，以实现输出方波的效果。蜂鸣器程序软件设计流程图如图 8-7 所示。

8.4 数码管显示实例

数码管是一种半导体发光器件，其基本单元是 LED。数码管在人们的日常生活中得到了广泛应用，用于仪表、时钟、车站、家电等，特别适合应用于广告牌背景、立交桥、河湖护栏、建筑物轮廓等大型动感光带的夜景照明，可产生绚丽的效果。本实例通过一个数码管显示程序，使用 STM32F4 处理器的 I/O 口作为输出，控制 STM32F4 实验教学平台上的 4 位数码管，实现单个或同时显示各类数字或字符的效果。

8.4.1 相关技术简介

数码管是一种以 LED 为基本单元的半导体发光元件，即用 8 个 LED 制成。数码管有两种，即共阳极数码管和共阴极数码管。共阳数码管是指将所有 LED 的阳极接到一起形成公共阳极的数码管，如图 8-8 所示。在应用时，应将公共阳极接到+5V 或+3.3V 接口，通过控制 I/O 口的高低电平就可以控制任意一个 LED 的亮灭，从而显示不同的数字。

第 8 章 STM32F4 处理器的基础应用设计

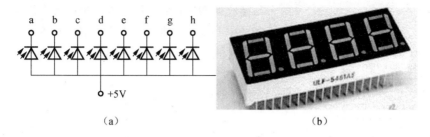

图 8-8 数码管结构示意图

(a) 共阳数码管内部结构；(b) 数码管实物图

8.4.2 系统硬件组成

STM32F4 实验教学平台中有一个 4 位的共阳级 8 段数码管，其硬件连接原理图如图 8-9 所示。4 位数码管共阳极由处理器的 PE0～PE3 引脚经晶体管驱动，实现数码管的位选控制；4 位数码管的 8 段管的阴极接在处理器的 PE8～PE15 引脚上，实现字码的显示。

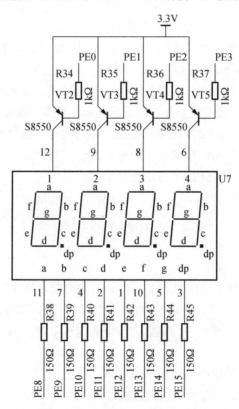

图 8-9 数码管显示硬件连接原理图

8.4.3 软件设计原理

1. 整体流程设计

系统启动后，首先对数码管和延时进行初始化配置，主要通过调用 SEG_Init 和 Delay_Init

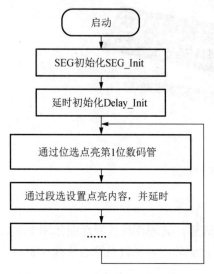

图 8-10 数码管显示程序流程图

两个自定义函数完成；然后根据预期的显示效果和实际位置，先选中其某一位数码管，再向其发送 8 段字码；每次动作后加一定时间的延时，实现软件设计流程图如图 8-10 所示。

2. 数码管显示功能实现

自定义函数 SEG_Init 函数内容与 8.2 节的 LED-Init 函数相似，但增加了 PE0～PE3 引脚的配置。初始化结束后，PE0～PE3 和 PE8～PE15 引脚都被配置为输出模式，输出类型为推挽输出，输出速度为 100MHz，上拉。随后进入死循环中，根据要求置位（GPIO_SetBits 函数）或复位（GPIO_ResetBits 函数）某些 I/O 口，并延时一段时间，实现某位数码管显示的效果。

例如，要在第 2 个数码管上显示一个 "2" 字，其余数码管不显示。步骤如下：①位选第 2 个数码管，即 PE1 输出低电平，此时晶体管导通。②段选 a、b、g、e、d，即 PE8、PE9、PE14、PE12、PE11 输出低电平，此时 a、b、g、e、d 段被点亮，数码管显示 "2"。

当需要同时显示多位数码管时，可以采用动态驱动形式，即通过分时轮流控制各个数码管的位选端，使各个数码管轮流受控显示。在轮流显示过程中，每位数码管的点亮时间为 1～2ms。由于人的视觉暂留现象及 LED 的余辉效应，尽管实际上各位数码管并非同时点亮，但只要扫描的速度足够快，给人的印象就是一组稳定的显示数据，不会给人以闪烁感，可实现多位数码管同时显示的效果。这就是动态驱动显示方法。

8.5 按键检测实例

本实例通过使用 STM32F4 处理器的 I/O 口分别检测普通独立按键和 4×4 矩阵键盘，在 LED 和数码管上显示不同的效果。矩阵键盘的用途很广，如计算器、遥控器、触摸屏 ID 产品、银行的提款机、密码输入器等，当键盘中按键数量较多时，为了减少 I/O 口的占用，通常将按键排列成矩阵形式。

在使用上需注意不同类型按键的通断状态判断。通常情况下，一般轻触按键在按下时为导通状态，松开后为断开状态。对于自锁类按键，按一次为导通状态，再按一次为断开状态。本书中所描述的按键，如未特别说明自锁类，均为普通轻触按键。

8.5.1 相关技术简介

独立按键接法适合按键较少的场合，如 4 个独立按键需要占用 4 个 I/O 口。当按键较多时，如常用的 4×4 矩阵键盘，如果用独立按键接法，1 个按键对应一个 I/O 的话，那么一共需要占用 16 个 I/O 口。如果用矩阵式接法，用 8 个 I/O 口就可以控制 4×4 矩阵键盘了，可以省出 8 个 I/O 口。因此，在按键较多的场合，都是采用矩阵式键盘的接线法。4×4 矩阵键盘结构示意图 8-11 所示。

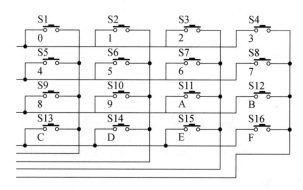

图 8-11　4×4 矩阵键盘结构示意图

如果要检测第一排是否有按键按下，则可以先将 P-16、P-15、P-14 输出高电平，P-13、P-12、P-11、P-10 配置为输入上拉模式，将 P-17 拉低，再去检测 P-13、P-12、P-11、P-10 端口的电平情况。如果检测到 P-13 端口为低电平，则表示 S1 被按下。如果检测到 P-12 端口为低电平，则表示 S2 被按下。如果检测到 P-11 端口为低电平，则表示 S3 被按下。如果检测到 P-10 端口为低电平，则表示 S4 被按下。

这样，就可以达到检测一排按键的目的。如果要检测所有的 16 个按键，则只需要依次拉低 P-17、P-16、P-15、P-14 即可。在程序源中，将 PA0、PA1、PA2、PA3 配置为输出模式，将 PA4、PA5、PA6、PA7 设置为输入模式；使用 GPIO_Resetbits() 来输出低电平，达到拉低的效果；使用 GPIO_ReadInputDataBit() 函数来读取 I/O 口的电平状态，检测按键是否按下。

8.5.2　系统硬件组成

STM32F4 实验教学平台上载有 4 个独立按键（KEY_UP、KEY0、KEY1 和 KEY2）来控制板上的 LED 小灯，其中 KEY_UP 控制 LED1，按一次亮，再按一次灭；KEY1 控制跑马灯的启动，按一次跑马灯启动，再按一次跑马灯停止。在开发板中，KEY_UP 接的是 PA0，KEY0 接的是 PC11，KEY1 接的是 PC12，KEY2 接的是 PC13。需要注意的是，KEY0、KEY1 和 KEY2 是低电平有效的，而 KEY_UP 是高电平有效的，并且外部都没有上、下拉电阻，所以，需要在 STM32F4 处理器内部设置上下拉。独立按键硬件连接原理图如图 8-12（a）所示。

矩阵按键以独立模块形式插在开发板上，因此开发板设有矩阵按键接口，连接于 PA0～PA7 口。设计上既可以 PA0～PA3 口输出扫描码，以 PA4～PA7 口输入检测，也可以 PA4～PA7 口输出扫描码，以 PA0～PA3 口输入检测。注意，由于独立按键 KEY_UP 也使用了 PA0，与矩阵按键接口有冲突，因此不能够对独立按键 KEY_UP 和矩阵按键同时检测。矩阵按键接口连接原理图如图 8-10（b）所示。

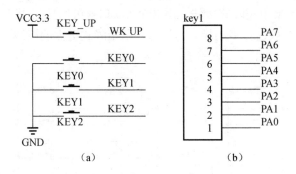

图 8-12 按键硬件连接原理图

（a）独立按键硬件连接原理图；（b）矩阵按键接口连接原理图

8.5.3 软件设计原理

系统启动后，首先对数码管和按键接口进行初始化配置，主要通过调用 SEG_Init 和 Key_Init 两个自定义函数完成。其中，Key_Init 函数如果是对独立按键接口初始化，则将所用 I/O 接口设置为输入上拉模式；如果是对矩阵按键接口初始化，则将其中 4 个接口设置为上拉输入模式，另外 4 个接口设置为上拉输出模式。在主循环体中，先进行按键检测，再根据检测结果进行数码管显示，并稍加延时。

在按键检测部分，如果是独立按键，就直接检测对应 I/O 脚的高低电平，对于按键 KEY0、KEY1 和 KEY2，出现低电平说明按键按下；对于按键 KEY_UP，出现高电平说明按键按下。如果是矩阵按键，则对输出的 4 个接口送 4 组扫描码，同时监测 4 个输入接口，并根据扫描码与检测码结合确定所在矩阵按键的键值（一般设为 0～F）。按键检测显示程序软件设计流程图如图 8-13 所示。

需要说明的是，按键检测过程应加入消抖处理过程。因为普通按键在导通瞬间会出现几毫秒的机械抖动，易被误判为多次按下按键。软件消抖最常见办法是在某按键按下时，延时 10～20ms，判定该按键是否仍然按下，若仍按下则判定为按下一次。

另外，在按键检测中，还可以根据按键不同状态设计成不同的效果。例如，按键按下时显示、按键时松开显示，或按下再松开后才显示，以及按键长按显示等。

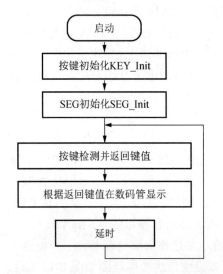

图 8-13 按键检测显示程序软件设计流程图

8.6 外部中断处理实例

中断是计算机系统中的一个十分重要的概念，现代计算机普遍采用中断技术。在计算机执行程序的过程中，由于出现某个特殊情况（或称为事件），使 CPU 中止现行程序，而转去执行处理该事件的处理程序（俗称中断处理或中断服务程序），待中断服务程序执行完毕，再返回断点继续执行原来的程序，这个过程称为中断。本实例通过使用 STM32F4 处理器以外部中断方式检测 4 个普通独立按键，在 LED 上显示不同的效果。

8.6.1 处理器外部中断简介

STM32F4 处理器的每个 I/O 都可以作为外部中断的中断输入口。其中断控制器支持 22 个外部中断/事件请求。每个中断设有状态位，每个中断/事件都有独立的触发和屏蔽设置。

STM32F4 处理器的 22 个外部中断如下：

（1）EXTI 线 0~15：对应外部 I/O 口的输入中断。
（2）EXTI 线 16：连接到 PVD 输出。
（3）EXTI 线 17：连接到 RTC 闹钟事件。
（4）EXTI 线 18：连接到 USB OTG FS 唤醒事件。
（5）EXTI 线 19：连接到以太网唤醒事件。
（6）EXTI 线 20：连接到 USB OTG HS（在 FS 中配置）唤醒事件。
（7）EXTI 线 21：连接到 RTC 入侵和时间戳事件。
（8）EXTI 线 22：连接到 RTC 唤醒事件。

STM32F4 处理器供 I/O 口使用的中断线有 16 个，GPIO 的引脚 GPIOx.0~GPIOx.15（x=A、B、C、D、E、F、G、H、I）分别对应中断线 0~15。这样，每个中断线对应最多 9 个 I/O 口，以线 0 为例：它对应 GPIOA.0、GPIOB.0、GPIOC.0、GPIOD.0、GPIOE.0、GPIOF.0、GPIOG.0、GPIOH.0 和 GPIOI.0。而中断线每次只能连接到 1 个 I/O 口上，这样就需要通过配置来决定对应的中断线配置到哪个 GPIO 上。

中断线 0 与 GPIO 的映射关系如图 8-14 所示，其余各组中断线与 GPIO 的映射关系与其相似。

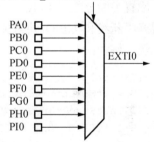

图 8-14 中断线 0 与 GPIO 的映射关系

8.6.2 外部中断的使用

STM32F4 处理器在使用外部中断前，应通过使用库函数配置外部中断，具体步骤如下：
（1）使能 I/O 口时钟，初始化 I/O 口设置为输入模式。
（2）开启 SYSCFG 时钟，设置 I/O 口与中断线的映射关系。

首先，配置 GPIO 与中断线的映射关系，需要打开 SYSCFG 时钟。需要注意的是，只要使用到外部中断，就必须打开 SYSCFG 时钟。

```
RCC_APB2PeriphClockCmd(RCC_APB2Periph_SYSCFG,ENABLE)    ;//使能 SYSCFG 时钟
```

然后，配置 GPIO 与中断线的映射关系。在库函数中，配置 GPIO 与中断线的映射关系是通过函数 SYSCFG_EXTILineConfig() 来实现的，例如：

```
SYSCFG_EXTILineConfig(EXTI_PortSourceGPIOA,EXTI_PinSource0);
```

//将中断线 0 与 GPIOA 映射起来,即 GPIOA.0 与 EXTI1 中断线连接起来

(3) 初始化线上中断,设置触发条件等。

中断线上中断的初始化是通过函数 EXTI_Init()实现的。下面用一个范例来说明这个函数的使用。

```
EXTI_InitTypeDef EXTI_InitStructure;
EXTI_InitStructure.EXTI_Line=EXTI_Line4;
EXTI_InitStructure.EXTI_Mode=EXTI_Mode_Interrupt;
EXTI_InitStructure.EXTI_Trigger=EXTI_Trigger_Falling;
EXTI_InitStructure.EXTI_LineCmd=ENABLE;
EXTI_Init(&EXTI_InitStructure);        //初始化外设 EXTI 寄存器
```

上面例子的设置中断线 4 上的中断为下降沿触发。STM32F4 外设的初始化都是通过结构体来设置初始值的。结构体包括 4 个参数,第 1 个参数是中断线的标号,对于外部中断,取值范围为 EXTI_Line0～EXTI_Line15。这个函数配置的是某个中断线上的中断参数。第 2 个参数是中断模式,可设为中断模式 EXTI_Mode_Interrupt 和事件模式 EXTI_Mode_Event。第 3 个参数是触发方式,可以是下降沿触发 EXTI_Trigger_Falling、上升沿触发 EXTI_Trigger_Rising,或任意电平(上升沿和下降沿)触发 EXTI_Trigger_Rising_Falling。第 4 个参数是中断线使能设置。

(4) 配置中断分组(NVIC),并使能中断。

设置好中断线和 GPIO 映射关系,设置中断的触发模式等初始化参数后,要设置 NVIC 中断优先级。例如:

```
NVIC_InitTypeDef NVIC_InitStructure;
NVIC_InitStructure.NVIC_IRQChannel=EXTI2_IRQn;//使能按键外部中断通道
NVIC_InitStructure.NVIC_IRQChannelPreemptionPriority=0x02;//抢占优先级 2
NVIC_InitStructure.NVIC_IRQChannelSubPriority=0x02;//响应优先级 2
NVIC_InitStructure.NVIC_IRQChannelCmd=ENABLE;//使能外部中断通道
NVIC_Init(&NVIC_InitStructure);//中断优先级分组初始化
```

(5) 编写中断服务函数。

配置完中断优先级之后,要做的就是编写中断服务函数。中断服务函数的名称是在 MDK 中事先有定义的。这里需要说明的是,STM32F4 处理器的 I/O 口外部中断函数只有 7 个,分别为 EXPORT EXTI0_IRQHandler、EXPORT EXTI1_IRQHandler、EXPORT EXTI2_IRQHandler、EXPORT EXTI3_IRQHandler、EXPORT EXTI4_IRQHandler、EXPORT EXTI9_5_IRQHandler、EXPORT EXTI15_10_IRQHandler。中断线 0～4 每个中断线对应一个中断函数,中断线 5～9 共用中断函数 EXTI9_5_IRQHandler,中断线 10～15 共用中断函数 EXTI15_10_IRQHandler。

在编写中断服务函数的时候会经常用到两个函数,第一个函数是判断某个中断线上的中断是否发生(标志位是否置位),具体如下:

```
ITStatus  EXTI_GetITStatus(uint32_t EXTI_Line);
```

该函数一般使用在中断服务函数的开头判断中断是否发生。

另一个函数是清除某个中断线上的中断标志位,具体如下:

```
void EXTI_ClearITPendingBit(uint32_t EXTI_Line);
```

该函数一般应用在中断服务函数结束之前,清除中断标志位。常用的中断服务函数程序编写格式为

```
void EXTI3_IRQHandler(void)
{   if(EXTI_GetITStatus(EXTI_Line3)!=RESET)   //判断某个线上的中断是否发生
    {  …中断处理程序…
       EXTI_ClearITPendingBit(EXTI_Line3);    //清除LINE上的中断标志位
    }
}
```

这里需要说明的是,固件库还提供了两个函数用来判断外部中断状态及清除外部状态标志位的函数 EXTI_GetFlagStatus 和 EXTI_ClearFlag,它们的作用和前面两个函数的作用类似。只是在 EXTI_GetITStatus 函数中会先判断这种中断是否使能,使能了才去判断中断标志位,而 EXTI_GetFlagStatus 直接用来判断状态标志位。

8.6.3 系统硬件组成

STM32F4 实验教学平台上的 4 个独立按键(KEY_UP、KEY0、KEY1 和 KEY2),其中 KEY_UP 接的是 PA0,KEY0 接的是 PC11,KEY1 接的是 PC12,KEY2 接的是 PC13。硬件连接原理图可参见图 8-12(a)。

8.6.4 软件设计原理

外部中断处理程序中,初始化部分由 EXTIX_Init、LED_Init 和 Delay_Init 3 个自定义函数完成;进入 while 死循环等待外部中断发生;当某个独立按键按下时触发中断,进入中断处理子程序,根据不同按键显示不同效果。

应注意工程文件中的 exit.c 文件,该文件中定义了所有中断处理函数,包括外部中断初始化函数 void EXTIX_Init(void)及多个外部中断服务函数。void EXTI0_IRQHandler(void)是外部中断 0 的服务函数,负责 KEY_UP 按键的中断检测;void EXTI15_10_IRQHandler(void)是外部中断 11、12、13 的服务函数,负责 KEY0、KEY1、KEY2 按键的中断检测。

KEY_UP 的中断服务函数非常简单,先延时 10ms,再检测 KEY_UP 是不是高电平,如果是,则执行 LED1 的翻转。由于中断线 10~15 共用一个中断服务函数,因此 KEY0、KEY1、KEY2 按键触发进入该中断服务函数后,先延时 10ms,再判断是哪一条中断线上发生了中断,最后执行相关的操作。

首先调用 KEY_Init()函数来中中断输入的 I/O 口,接着使能相关时钟,调用 SYSCFG_EXTILineConfig(EXTI_PortSourceGPIOA, EXTI_PinSource0);配置中断线和 GPIO 的映射关系,然后初始化中断线和配置中断优先级。

8.7 通用定时器实例

在测量控制系统中，常常需要实时时钟，以实现定时控制、定时测量或定时中断等，也常需要计数器以实现对外部事件的计数。STM32F4 处理器的通用定时器常被用于测量输入信号的脉冲长度（输入捕获）或产生输出波形（输出比较和 PWM）等。本实例通过使用 STM32F4 处理器以定时中断方式实现在 LED 指示灯每一秒闪烁一次的效果。

8.7.1 通用定时器简介

STM32F4 处理器有 14 个相互独立的定时器，其中，定时器 1 和 8（TIM1 和 TIM8）为高级定时器，定时器 6 和 7（TIM6 和 TIM7）为基本定时器，其余为通用定时器。通用定时器（TIM2～TIM5 和 TIM9～TIM14）功能包括

（1）16 位/32 位向上、向下、向上/向下自动装载计数器（TIMx_CNT），其中 TIM9～TIM14 只支持向上（递增）计数方式。

（2）16 位可编程（可以实时修改）预分频器（TIMx_PSC），计数器时钟频率的分频系数为 1～65535 的任意数值。

（3）4 个独立通道（TIMx_CH1～TIMx_CH4），而 TIM9～TIM14 为 2 个通道，这些通道可以用来作为：输入捕获；输出比较；PWM 生成（边缘或中间对齐模式），但 TIM9～TIM14 不支持中间对齐模式；单脉冲模式输出。

（4）可使用外部信号（TIMx_ETR）控制定时器和定时器互连（即用一个定时器控制另一个定时器）的同步电路。

（5）如下事件发生时产生中断或 DMA（注意，TIM9～TIM14 不支持 DMA）：计数器向上或向下溢出，计数器初始化（通过软件或内部/外部触发）；计数器启动、停止、初始化，或由内部/外部触发计数等；输入捕获；输出比较；支持针对定位的增量（正交）编码器和霍尔传感器电路（TIM9～TIM14 不支持）；触发输入作为外部时钟或按周期的电流管理（TIM9～TIM14 不支持）。

8.7.2 系统硬件组成

本实例用到 STM32F4 实验教学平台的硬件资源有通用定时器 TIM3 及 LED 指示灯，LED 指示灯的硬件原理图在 8.2 节中有详细介绍，此处不再赘述。

8.7.3 软件设计原理

本实例通过通用定时器 TIM3 的定时中断来控制 LED1 的亮灭，LED1 是直接连接到 PE8 上的。TIM3 属于 STM32F4 处理器的内部资源，只需要软件设置即可正常工作。例程中，初始化部分 TIM3_Init、LED_Init 和 Delay_Init 3 个自定义函数完成；进入 while 死循环等待外部中断发生；当定时时间到时，将触发定时中断，进入 TIM3 定时中断处理子程序 TIM3_IRQHandler 中，实现定时反转 LED 灯的效果。

1. 定时器初始化过程

定时器初始化配置分为 5 个步骤，具体如下：
（1）使能定时器时钟总线。
TIM3 是挂载在 APB1 之下，所以通过 APB1 总线下的使能函数来使能 TIM3。调用的函数是如下：

```
RCC_APB1PeriphClockCmd(RCC_APB1Periph_TIM3,ENABLE);   //使能 TIM3 时钟
```

（2）配置定时器定时参数，包括设置自动重装值、分频系数、计数方式等。

在库函数中，定时器的初始化参数是通过初始化函数 TIM_TimeBaseInit 实现的，例如：

```
TIM_TimeBaseInit(TIM3,&TIM_TimeBaseInitStructure);   //配置定时器 TIM3 参数
```

函数有两个参数，第 1 个参数是配置哪个定时器；第 2 个参数是定时器初始化参数结构体指针，结构体类型为 TIM_TimeBaseInitTypeDef，内有有 5 个成员变量。对于通用定时器而言，只有 4 个成员变量有效。例程中成员变量的设置如下：

```
TIM_TimeBaseInitStructure.TIM_ClockDivision=TIM_CKD_DIV1;
                                                         //设置时钟分频因子
TIM_TimeBaseInitStructure.TIM_CounterMode=TIM_CounterMode_Up;
                                                         //向上计数模式
TIM_TimeBaseInitStructure.TIM_Period=arr;                //设置自动重载值
TIM_TimeBaseInitStructure.TIM_Prescaler=psc;             //设置分频系数
```

下面我们来分析定时时间与自动重载值、分频系数的关系。定时器溢出时间公式如下：

$$T_{out}=((arr+1)\times(psc+1))/Ft(\mu s)$$

例程中使用 TIM3_Init(5000-1,8400-1)形式，使形参变量 arr 为 4999、形参变量 psc 为 8399，且 TIM3 此时 Ft 时钟频率为 84MHz，因此可计算得出定时时间为 500ms。

（3）设置定时器允许更新中断。

只要使用 TIM3 的更新中断，寄存器的相应位便可使能更新中断。在库函数中定时器中断使能是通过 TIM_ITConfig 函数来实现的，方法如下：

```
TIM_ITConfig(TIM3,TIM_IT_Update,ENABLE );            //使能 TIM3 允许更新中断
```

注意：函数第 2 个参数除了有更新中断 TIM_IT_Update 之外，还有触发中断 TIM_IT_Trigger 及输入捕获中断等。其余定时中断工作模式的介绍，感兴趣的读者可阅读《STM32F4××中文参考手册》。

（4）设置定时器中断优先级。

因为定时器也是一种中断，所以要通过操作 NVIC 为其设置中断优先级。方法如下：

```
NVIC_InitStructure.NVIC_IRQChannel=TIM3_IRQn;
NVIC_InitStructure.NVIC_IRQChannelCmd=ENABLE;
NVIC_InitStructure.NVIC_IRQChannelPreemptionPriority=0x01;
NVIC_InitStructure.NVIC_IRQChannelSubPriority=0x03;
NVIC_Init(&NVIC_InitStructure);
```

(5) 开启定时器 TIM3 工作。

在配置完后要开启定时器，通过 TIM3_CR1 的 CEN 位来设置。在固件库中使能定时器的函数是通过 TIM_Cmd 函数来实现的，方法如下：

```
TIM_Cmd(TIM3, ENABLE);      //启动定时器 3
```

2. 定时中断服务过程

在定时中断产生后，通过状态寄存器的值来判断此次产生的中断属于什么类型；执行相关的操作，这里使用的是更新（溢出）中断，中断出现时状态寄存器 SR 的最低位为 1；在处理完中断之后应该向 TIM3_SR 的最低位写 0，以清除该中断标志。

在固件库函数里面，用来读取中断状态寄存器的值判断中断类型的函数是 ITStatus TIM_GetITStatus，可以判断定时器 TIMx 的中断类型 TIM_IT 是否发生中断。例如，要判断定时器 3 是否发生更新（溢出）中断，方法如下：

```
if(TIM_GetITStatus(TIM3, TIM_IT_Update) != RESET)
{…}
```

固件库中清除中断标志位的函数是 TIM_ClearITPendingBit，可以清除定时器 TIMx 的中断 TIM_IT 标志位。例如，在 TIM3 的溢出中断发生后，要清除中断标志位，其方法如下：

```
TIM_ClearITPendingBit(TIM3, TIM_IT_Update);   //清除中断标志位
```

需要补充一点，固件库还提供了两个函数用来判断定时器状态及清除定时器状态标志位的函数 TIM_GetFlagStatus 和 TIM_ClearFlag，其作用和前面两个函数的作用类似。只是在 TIM_GetITStatus 函数中会先判断这种中断是否使能，使能后才去判断中断标志位，而 TIM_GetFlagStatus 直接用来判断状态标志位。

3. 两种定时的比较

在例程的主程序 while 循环中，指令 delay_ms(500)调用 SysTick 时钟每延时 500ms 使指示灯 LED2 反转一次，而定时器 TIM3 每 500ms 触发中断，并使指示灯 LED1 反转一次。因此，虽然两个指示灯都是每一秒闪烁一次，但延时机制完全不同。对于时间精度和稳定性要求较高的场合，定时器中断方式效果更好些。

8.8 RTC 时钟实例

本实例将介绍 STM32F4 处理器的内部 RTC 模块，读取 RTC 模块中系统时钟数据并显示。由于 RTC 可以依靠实验教学平台自带的纽扣电池工作，因此拔掉外部电源后，日期和时间数据不仅不会丢失，还会一直处于计时状态，在下次开机后可再次读取。

8.8.1 RTC 时钟模块简介

STM32F4 处理器的 RTC 是一个独立的 BCD 定时器/计数器，提供一个日历时钟（包含年月日时分秒信息）、两个可编程闹钟（ALARM A 和 ALARM B）中断，以及一个具有中断功能的周期性可编程唤醒标志。RTC 还包含用于管理低功耗模式的自动唤醒单元。

RTC 有一个 32 位的时间寄存器（RTC_TR）和一个 32 位的日期寄存器（RTC_DR），用于存储时间和日期（也可以用于设置时间和日期）。寄存器中包含二进码十进数格式（BCD）的秒、分钟、小时（12 或 24 小时制）、星期、日期、月份和年份。可以通过与 PCLK1（APB1时钟）同步的影子寄存器来访问，也可以直接访问。读取 RTC_TR 和 RTC_DR 可以得到当前时间和日期信息。需要注意的是，时间和日期都是以 BCD 码的格式存储的，读出来要转换一下，才可以得到十进制的数据。

RTC 模块还可以自动将月份的天数补偿为 28、29（闰年）、30 和 31 天，并且能够进行夏令时补偿。其他 32 位寄存器包含可编程的闹钟亚秒、秒、分钟、小时、星期几和日期。此外，还可以使用数字校准功能对晶振精度的偏差进行补偿。

RTC 模块和时钟配置在后备区域，即在系统复位或从待机模式唤醒后 RTC 的设置和时间维持不变，只要后备区域供电正常，那么 RTC 将可以一直运行。但是，在系统复位后，会自动禁止访问后备寄存器和 RTC，以防止对后备区域（BKP）的意外写操作。所以，在要设置系统时间的时候，先要取消备份区域（BKP）写保护。

8.8.2 系统硬件组成

RTC 模块属于 STM32F4 处理器内部资源，其配置由软件直接设置即可。实验中涉及的硬件主要是用于显示的数码管电路部分，其硬件原理图可参见本章的 8.4 节。不过，RTC 在断电后会导致数据丢失，为保证系统时间在断电后继续计时，必须让处理器芯片的 VBAT 引脚一直供电，因此教学实验平台中设有纽扣电池供电电路，在系统断电后，纽扣电池将对 VBAT 引脚供电，保证 RTC 正常工作。电池供电电路如图 8-15 所示。

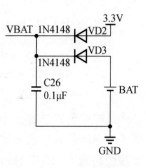

图 8-15 电池供电电路

8.8.3 软件设计原理

本实例读取系统时间并在数码管上显示当前的分钟和秒钟数。在初始化时，需对 RTC 和数码管部分进行初始化，其中数码管部分初始化在本章的 8.4 节有详述，此处不再赘述。例程中，初始化部分主要包括 RTC 初始化自定义函数 RTC_Start（因固件库中有 RTC_Init，故改名）、数码管初始化自定义函数 SEG_Init 和延时初始化自定义函数 Delay_Init 3 个自定义函数；在 while 循环中使用库函数 RTC_GetTime 读取 RTC 时间，再使用自定义函数 SEG_Display 将信息在数码管上显示。

1. RTC 时钟初始化过程

RTC 时钟初始化配置分为 5 个步骤，具体如下：
（1）使能电源时钟，并使能 RTC 及 RTC 后备寄存器写访问。

访问 RTC 和 RTC 备份区域就必须先使能电源时钟，然后使能 RTC 即后备区域访问。电源时钟使能通过 RCC_APB1ENR 寄存器来设置，RTC 及 RTC 备份寄存器的写访问通过 PWR_CR 寄存器的 DBP 位设置。库函数设置方法如下：

```
RCC_APB1PeriphClockCmd(RCC_APB1Periph_PWR,ENABLE);   //使能 PWR 时钟
PWR_BackupAccessCmd(ENABLE);                          //使能后备寄存器访问
```

（2）开启外部低速振荡器，选择 RTC 并使能。

这个步骤只需要在 RTC 初始化的时候执行一次即可，不需要每次上电都执行，这些操作都是通过 RCC_BDCR 寄存器来实现的。开启 LSE 的库函数如下：

```
RCC_LSEConfig(RCC_LSE_ON);                            //LSE 开启
```

同时，选择 RTC 时钟源及使能时钟函数如下：

```
RCC_RTCCLKConfig(RCC_RTCCLKSource_LSE);   //设选择 LSE 作为 RTC 时钟
RCC_RTCCLKCmd(ENABLE);                     //使能 RTC 时钟
```

（3）初始化 RTC，设置 RTC 的分频和配置参数。

在库函数中，初始化 RTC 是通过函数 RTC_Init 实现的：

```
ErrorStatus RTC_Init(RTC_InitTypeDef* RTC_InitStruct);
```

其中，RTC 初始化参数结构体 RTC_InitTypeDef 定义如下：

```
typedef struct
{   uint32_t RTC_HourFormat;
    uint32_t RTC_AsynchPrediv;
    uint32_t RTC_SynchPrediv;
} RTC_InitTypeDef;
```

结构体一共只有 3 个成员变量，功能如下：参数 RTC_HourFormat 用来设置 RTC 的时间格式，也就是我们前面寄存器讲解的设置 CR 寄存器的 FMT 位。如果设置为 24 小时格式，参数值可选择 RTC_HourFormat_24；如果设置为 12 小时格式，则参数值可以选择 RTC_HourFormat_12。参数 RTC_AsynchPrediv 用来设置 RTC 的异步预分频系数，即设置 RTC_PRER 寄存器的 PREDIV_A 相关位。同时，因为异步预分频系数是 7 位，所以最大值为 0x7F，不能超过这个值。参数 RTC_SynchPrediv 用来设置 RTC 的同步预分频系数，即设置 RTC_PRER 寄存器的 PREDIV_S 相关位。同时，因为同步预分频系数也是 15 位，所以最大值为 0x7FFF，不能超过这个值。

关于 RTC_Init 函数这里需要说明的是，在设置 RTC 相关参数之前，会先取消 RTC 写保护，这个操作通过向寄存器 RTC_WPR 写入 0xCA 和 0x53 两个数据实现。所以，RTC_Init 函数体开头会有两行代码用来取消 RTC 写保护，代码如下：

```
RTC->WPR=0xCA;
RTC->WPR=0x53;
```

在取消写保护之后，要对 RTC_PRER、RTC_TR 和 RTC_DR 等寄存器进行写操作，还必须先进入 RTC 初始化模式，库函数中进入初始化模式的函数如下：

```
ErrorStatus RTC_EnterInitMode(void);
```

进入初始化模式之后，RTC_Init 函数才可以去设置 RTC->CR 及 RTC->PRER 寄存器的值。在设置完值之后，还要退出初始化模式，函数如下：

```
void RTC_ExitInitMode(void)
```

最后开启 RTC 写保护，向 RTC_WPR 寄存器写入值 0xFF 即可。

（4）设置 RTC 的时间信息。

库函数中设置 RTC 时间的函数结构如下：

```
ErrorStatus RTC_SetTime(uint32_t RTC_Format,RTC_TimeTypeDef*
    RTC_TimeStruct);
```

实际上，RTC_SetTime 函数用来设置时间寄存器 RTC_TR 的相关位的值。该函数的第一个参数 RTC_Format 用来设置输入的时间格式为 BIN 格式还是 BCD 格式，可选值为 RTC_Format_BIN 和 RTC_Format_BCD。因为 RTC_DR 的数据必须是 BCD 格式，所以如果设置为 RTC_Format_BIN，那么在函数体内部会调用函数 RTC_ByteToBcd2 将参数转换为 BCD 格式。

第 2 个初始化参数结构体 RTC_TimeTypeDef 的定义如下：

```
typedef struct
{   uint8_t RTC_Hours;
    uint8_t RTC_Minutes;
    uint8_t RTC_Seconds;
    uint8_t RTC_H12;
} RTC_TimeTypeDef;
```

这 4 个参数分别用来设置 RTC 时间参数的小时、分钟、秒钟及 AM/PM 符号。

（5）设置 RTC 的日期信息。

库函数中设置 RTC 的日期函数结构如下：

```
ErrorStatus RTC_SetDate(uint32_t RTC_Format, RTC_DateTypeDef*
    RTC_DateStruct);
```

实际上，RTC_SetDate 设置日期函数用来设置日期寄存器 RTC_DR 的相关位的值。函数的第 1 个参数 RTC_Format 与函数 RTC_SetTime 的第 1 个入口参数是一样的，用来设置输入日期格式。第 2 个日期初始化参数结构体 RTC_DateTypeDef 的定义如下：

```
typedef struct
{   uint8_t RTC_WeekDay;
    uint8_t RTC_Month;
    uint8_t RTC_Date;
    uint8_t RTC_Year;
} RTC_DateTypeDef;
```

这 4 个参数分别用来设置日期的星期、月份、日期、年份。

需要说明的是，设置时间和日期的步骤不是每次启动都需要执行的，通常只在第一次使用。因此，在程序设计中可以设定一个标志位来确定是否需要进行设置时间和日期。

2. 读取 RTC 信息并显示过程

RTC 模块初始化完成后，在需要使用时直接调用固件函数获取 RTC 模块当前日期和时间即可。其中，获取当前 RTC 时间的函数如下：

```
void RTC_GetTime(uint32_t RTC_Format, RTC_TimeTypeDef* RTC_TimeStruct);
```

获取当前 RTC 日期的函数如下：

```
void RTC_GetDate(uint32_t RTC_Format, RTC_DateTypeDef* RTC_DateStruct);
```

这两个函数非常简单，实质是先读取 RTC_TR 寄存器和 RTC_DR 寄存器的时间和日期的值，然后将值存放到相应的结构体中。

思 考 题

1. 借鉴 8.2 节实例编写代码，实现如顺时针或逆时针流水灯等多种显示效果。
2. 借鉴 8.3 节实例编写代码，测试无源他激型蜂鸣器发声的频率范围。
3. 借鉴 8.4 节实例编写代码，实现在 4 位数码管上同时显示 "1234"。另外，设计一个简易计时器，数码管从 "0000" ~ "9999"，每过 100ms，计数加 1。
4. 借鉴 8.5 节实例编写代码，实现同时检测普通独立按键和 4×4 矩阵键盘。
5. 借鉴 8.6 节实例编写代码，实现利用中断处理方式实现关闭和开启对部分按键的检测功能。例如，实现按下按键 KEY2 关闭对按键 KEY0~KEY2 的检测功能，按下按键 KEY-UP 重新开启对按键 KEY0~KEY2 的检测功能。
6. 借鉴 8.7 节实例编写代码，实现 4 位数码管以定时器中断方式实现简易电子钟显示效果。此外，考虑如何实现定时器暂停和启动的效果。
7. 借鉴 8.8 节实例编写代码，实现利用 RTC 在 4 位数码管上实现电子时钟的显示效果，并考虑如何实现用按键调整时间的功能。

第 9 章

STM32F4 处理器的综合应用设计

本章选择了 5 个典型的综合应用设计实例，其中薄膜晶体管液晶显示器（Thin Film Transistor-Liquid Crystal Display，TFT-LCD）屏显示与触摸屏检测相结合是实现人机交互的常用方法，通用串行通信是最常用的通信形式，而 ADC 输入采集与 DAC 模拟输出是处理器与传感器及控制器信息交流的主要方法。本章主要从关键技术、处理方法、硬件组成及软件设计等方面对上述综合应用实例做了详细介绍。

本章主要内容如下：
（1）综合应用一　TFT-LCD 屏显示实例；
（2）综合应用二　触摸屏检测实例；
（3）综合应用三　通用串行通信实例；
（4）综合应用四　ADC 输入采集实例；
（5）综合应用五　DAC 模拟输出实例。

9.1　TFT-LCD 屏幕驱动与显示应用

显示屏属于计算机的 I/O 设备，是一种将特定电子信息输出到屏幕上再反射到人眼的显示工具。常见的显示屏有阳极射线管（Cathode Ray Tube，CRT）显示器、液晶显示器（Liquid Crystal Display，LCD）、LED 点阵显示屏及有机发光二极管（Organic Light-Emitting Diode，OLED）显示屏等。

LCD 显示可以丰富嵌入式系统应用的显示内容与显示效果。本节采用 TFT-LCD 屏来显示各类中英文字符及图形等效果。

9.1.1　LCD 显示屏简介

LCD 是一种介于固体和液体之间的特殊物质，它是一种有机化合物，常态下呈液态，但是它的分子排列和固体晶体一样非常规则，因此取名为液晶。如果给液晶施加电场，会改变它的分子排列，从而改变光线的传播方向，配合偏振光片，它就具有控制光线透过率的作用；再配合彩色滤光片，并改变液晶电压的大小，就能改变某一颜色透光量的多少。利用这种原理，做出可控红、绿、蓝光输出强度的显示结构，把 3 种显示结构组成一个显示单位，通过控制红绿蓝的强度，可以使单位混合输出不同的色彩，这样的一个显示单位称为像素。

LED 点阵显示屏的单个像素点内包含红绿蓝三色 LED，显示原理类似于 LED 彩灯，通过控制红绿蓝颜色的强度进行混色，实现全彩颜色输出，多个像素点构成一个屏幕。每个像素点都是 LED 自发光的，显示非常清晰。LED 体积较大，导致屏幕的像素密度低，所以它一般只适合用于广场上的巨型显示器。

OLED 显示屏与 LED 点阵彩色显示屏原理类似，但由于它采用的像素单元是有机发光二极管，因此像素密度比普通 LED 点阵显示屏高得多。OLED 显示屏具有不需要背光源、对比度高、轻薄、视角广及响应速度快等优点。

9.1.2 LCD 显示屏的参数

1. 像素

像素是组成图像的最基本单元要素，显示屏的像素指它成像最小的点，即前面讲解液晶原理中提到的一个显示单元。

2. 分辨率

一些嵌入式设备的显示屏常以"行像素值×列像素值"表示屏幕的分辨率。例如，分辨率 800 像素×480 像素表示该显示屏的每一行有 800 个像素点，每一列有 480 个像素点，也可理解为有 800 列，480 行。

3. 色彩深度

色彩深度指显示屏的每个像素点能表示多少种颜色，一般用位（bit）来表示。例如，单色屏的每个像素点能表示亮或灭两种状态（即实际上能显示两种颜色），用 1 个数据位就可以表示像素点的所有状态，所以它的色彩深度为 1 位，其他常见的显示屏色深为 16 位、24 位。

4. 显示屏尺寸

显示屏的大小一般以英寸（1 英寸≈2.54cm）表示，如 5 英寸、21 英寸、24 英寸等，这个长度是指屏幕对角线的长度，通过显示屏的对角线长度及长宽比可确定显示屏的实际长宽尺寸。

5. 点距

点距指两个相邻像素点之间的距离，它会影响画质的细腻度及观看距离。相同尺寸的屏幕，分辨率越高，点距越小，画质越细腻。例如，现在有些手机的屏幕分辨率比计算机显示屏的还大，这是手机屏幕点距小的原因。LED 点阵显示屏的点距一般比较大，适合远距离观看。

6. 显存

液晶屏中的每个像素点都是数据，在实际应用中需要把每个像素点的数据缓存起来，再传输给液晶屏，这种存储显示数据的存储器称为显存。显存一般至少要能存储液晶屏的一帧显示数据，如分辨率为 800 像素×480 像素的液晶屏，使用 RGB888 格式显示，它的一帧显示的数据大小为 3×800×480=1 152 000 字节；若使用 RGB565 格式，一帧显示的数据大小为

2×800×480=768000 字节。

9.1.3 LCD 显示屏的控制信号

1. RGB 信号

RGB 信号线有 8 根，分别用于表示液晶屏一个像素点的红色、绿色、蓝色分量。使用红色、绿色、蓝色分量来表示颜色是一种通用的做法，打开 Windows 系统自带的画板调色工具，可看到颜色的红色、绿色、蓝色分量值。常见的颜色表示会在 RGB 后面附带各个颜色分量值的数据位数，如 RGB565 表示红色、绿色、蓝色的数据线分别为 5、6、5 根，一共为 16 个数据位，可表示 2^{16} 种颜色。而这个液晶屏各种颜色分量的数据线都有 8 根，所以它支持 RGB888 格式，一共有 24 位数据线，可表示的颜色为 2^{24} 种。

2. 同步时钟信号 CLK

液晶屏与外部使用同步通信方式，以 CLK 信号作为同步时钟，在同步时钟的驱动下，每个时钟传输一个像素点数据。

3. 水平同步信号 HSYNC

水平同步信号 HSYNC（Horizontal Sync）用于表示液晶屏一行像素数据的传输结束，每传输完成液晶屏的一行数据，HSYNC 会发生电波跳变，如分辨率为 800 像素×480 像素的显示屏（800 列，480 行），传输一帧图像 HSYNC 的电平会跳变 480 次。

4. 垂直同步信号 VSYNC

垂直同步信号 VSYNC（Vertical Sync）用于表示液晶屏一帧像素数据的传输结束，每传输完成一帧像素数据，VSYNC 会发生电平跳变。其中帧是图像的单位，一幅图像称为一帧。在液晶屏中，一帧指一个完整屏液晶像素点。人们常常用帧/s 来表示液晶屏的刷新特性，即液晶屏每秒可以显示多少帧图像，如液晶屏以 60 帧/s 的速率运行时，VSYNC 每秒跳变 60 次。

5. 数据使能信号 DE

数据使能信号 DE（Data Enable）用于表示数据的有效性，当 DE 信号线为高电平时，RGB 信号线表示的数据有效。

9.1.4 TFT-LCD 屏的驱动设计

TFT-LCD 也称为真彩液晶显示器，与无源扭曲向列型液晶显示器（Twisted Nematic Liquid Crystal Display，TN-LCD）、超扭曲向列型液晶显示器（Super Twisted Nematic Liquid Crystal Display，STN-LCD）的简单矩阵不同，它在液晶屏的每一个像素上都设置有一个薄膜晶体管（TFT），可有效克服非选通时的串扰，使显示液晶屏的静态特性与扫描线数无关，因此大大提高了图像质量。

以 3.2 英寸的 TFT-LCD 屏模块为例，该模块支持 65K 色显示，显示分辨率为 320 像素×

240 像素，接口为 16 位的 8080 并口，自带触摸屏。其核心驱动芯片为 ILI9341 控制器，该控制器自带显存，其显存总大小为 172800（320×240×18/8），即 18 位模式（26 万色）下的显存量。在 16 位模式下，ILI9341 采用 RGB565 格式存储颜色数据。另外，ILI9341 有许多内部命令，有兴趣的读者可以查阅 ILI9341 的技术手册，由于生产厂家通常会提供完整的接口函数，因此对设计人员而言，熟悉并能够使用这些接口函数即可。

该 TFT-LCD 屏模块采用 16 位并口方式与外部连接，其信号线功能描述如下：

（1）CS：TFT-LCD 片选信号。

（2）WR：向 TFT-LCD 写入数据。

（3）RD：从 TFT-LCD 读取数据。

（4）DB[15:0]：16 位双向数据线。

（5）REST：硬复位 TFT-LCD。

（6）RS：命令/数据标志（0 读写命令，1 读写数据）。

9.1.5 系统硬件组成

STM32F4 实验教学平台中提供了用于接插 3.2 英寸 TFT-LCD 屏的 40 脚插座，其引脚功能如图 9-1 所示。需要说明的是，该 TFT-LCD 屏的接口除了有显示功能信号引脚外，还有触屏信号引脚和 SD 卡存取信号引脚。

关于 STM32F4 与显示屏信号引脚可按照自己的需要设置任意 I/O 口，在 STM32F4 教学平台中，TFT-LCD 屏显示功能引脚与 STM32 的 I/O 口对照表见表 9-1。

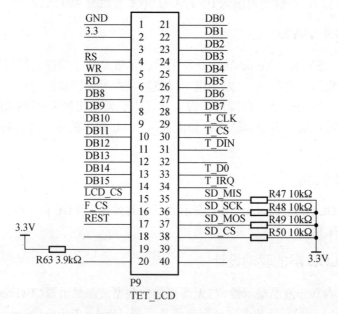

图 9-1　TFT-LCD 屏的 40 脚功能

表 9-1　TFT-LCD 屏显示功能引脚与 STM32 的 I/O 口对照表

引脚编号	TFT-LCD 屏功能引脚	STM32 的 I/O 口
4	RS	PD7

续表

引脚编号	TFT-LCD 屏功能引脚	STM32 的 I/O 口
5	WR	PD5
6	RD	PD4
7～11	DB[8]～DB[12]	PE11～PE15
12～14	DB[13]～DB[15]	PD8～PD10
15	LCD_CS	PD7
17	REST	PB1
21、22	DB[0]、DB[1]	PD14、PD15
22～24	DB[2]、DB[3]	PD0、PD1
25～28	DB[4]～DB[7]	PE7～PE10

9.1.6 软件设计原理

系统启动后，首先对 TFT-LCD 屏显示功能用到的各 I/O 口进行初始化配置，将其配置为推挽输出方式，通过调用自定义函数 LCD_IO_ENABLE 来实现；再对 TFT-LCD 屏做初始化配置，具体功能包括功能函数测试和屏幕初始设置等，通过调用自定义函数 LCD_Init 来实现。

在主循环体内，可以完成颜色刷屏、中英文字符显示、图片显示及画图等功能。这些功能在 TFT-LCD 屏厂家及第三方提供的接口文件 LCD.c 中。此处简要介绍几种常用的接口函数。

1. 与刷屏有关的接口函数

接口函数中与刷屏有关的主要是 void LCD_Clear 和 void LCD_Fill，功能介绍如下：

（1）void LCD_Clear(u16 Color)的函数功能：清屏函数，以 Color 参数的颜色清屏。颜色参数可参阅头文件 LCD.h 中的颜色常量，也可按照 RGB565 格式自己定义。

（2）void LCD_Fill(u16 xsta,u16 ysta,u16 xend,u16 yend,u16 color) 的函数功能：在指定区域中填充颜色，区域大小为(xend−xsta)×(yend−ysta)。

2. 与英文或数字显示有关的接口函数

接口函数中与英文或数字显示有关的主要是 void LCD_ShowChar、void LCD_ShowNum、void LCD_Show2Num 和 void LCD_ShowString，功能介绍如下。

（1）void LCD_ShowChar(u16 x,u16 y,u8 num,u8 mode)的函数功能：在指定坐标(x, y)处显示一个字符，num 为字符 ASCII 码，当为叠加方式时 mode 为 1，当为非叠加方式时 mode 为 0。

（2）void LCD_ShowNum(u16 x,u16 y,u32 num,u8 len)的函数功能：在指定坐标(x, y)处显示 2 字节的数字，前端不足位补空，num 为数字值，len 为数字长度。

（3）void LCD_Show2Num(u16 x,u16 y,u16 num,u8 len)的函数功能：在指定坐标(x, y)处显示 2 字节的数字，前端不足位补 0，num 为数字值，len 为数字长度。

（4）void LCD_ShowString(u16 x,u16 y,const u8 *p)的函数功能：在指定坐标(x, y)处显示字符串，p 为字符串变量名，或直接给出字符串内容。

3. 与中文显示有关的接口函数

接口函数中与中文显示有关的是 void showhanzi，功能介绍如下：

void showhanzi(unsigned int x,unsigned int y,unsigned char index) 的函数功能：在指定坐标位置(x, y)显示一个汉字字符，汉字字模存储于文件 font.c 中的 hanzi[]数组中，此函数使用某个汉字的序号来指向对应的字模。

说明：汉字可以通过一些字模提取工具转换为相应的的字模，汉字显示的大小由字模的横向与纵向的像素点数来决定。此外，由于 hanzi[]数组中字模都是预先存入的汉字，因此只能显示这部分汉字，适用于一定数量固定汉字显示的情况。如果需要实现大量汉字的显示，则需要加入汉字字模库来解决。

4. 与画图显示有关的接口函数

接口函数中与画图显示有关的主要是 void LCD_DrawPoint、void LCD_DrawPoint_big、void LCD_DrawLine、void LCD_DrawRectangle 和 void Draw_Circle，功能介绍如下：

void LCD_DrawPoint(u16 x,u16 y) 的函数功能：在指定坐标(x, y)处画点，点大小为 1 像素。

void LCD_DrawPoint_big(u16 x,u16 y) 的函数功能：在指定坐标(x, y)处画点，点大小为 3 像素×3 像素。

void LCD_DrawLine(u16 x1, u16 y1, u16 x2, u16 y2) 的函数功能：从点(x1, y1)到点(x2, y2)画直线。

void LCD_DrawRectangle(u16 x1, u16 y1, u16 x2, u16 y2) 的函数功能：以点(x1, y1)和点(x2, y2)为对角定点画矩形。

void Draw_Circle(u16 x0,u16 y0,u8 r) 的函数功能：以点(x0, y0)为圆心，r 为半径画圆。

5. 图形图片的显示方法

关于图形图片显示的方法是先定位图形图片显示区域坐标，采用接口函数 Address_set 设置；再引入图形图片对应的图像数据。图形图片可以通过一些图像生成工具（如 Image2Lcd）转换为相应的 LCD 图像数据。主要源程序如下：

```
Address_set(0,0,39,39);          //在屏幕上定位一个显示区域
for(i=0;i<1600;i++)              //图片字模 gImage_1 中取出各像素点的颜色显示
{   lcd_write_color(gImage_1[i*2+1],gImage_1[i*2]);
}
```

上述函数为常用的与显示相关的函数，直接使用这些函数可以完成常见的各类显示功能。对于有兴趣的读者，可以深入学习这些函数内部执行过程，真正理解如何通过控制信号和数据信号向 TFT-LCD 屏送显示信息的方法。

9.2 触摸屏检测应用

触摸屏又称触控面板，是一种把触摸位置转化成坐标数据的输入设备。触摸屏检测应用可以检测触摸屏表面被按压的位置坐标，与 TFT-LCD 屏的显示功能相结合后，可以实现各类触屏操作效果。

9.2.1 触摸屏简介

根据触摸屏的检测原理,主要分为电阻触摸屏和电容触摸屏。相对来说,电阻触摸屏造价便宜,能适应较恶劣的环境,但它只支持单点触控,触摸时需要一定的压力,使用久了容易造成表面磨损,影响寿命。电容触摸屏具有支持多点触控、检测精度高的特点,电容通过与导电物体产生的电容效应来检测触摸动作,但只能感应导电物体的触摸,当湿度较大或屏幕表面有水珠时会影响电容触摸屏的检测效果。

区分电阻触摸屏与电容触摸屏最直接的方法就是使用绝缘物体点击屏幕,因为电阻触摸屏通过压力能正常检测触摸动作,而该绝缘物体无法影响电容触摸屏所检测的信号,因而无法检测到触摸动作。电容触摸屏大量应用在智能手机、平板式计算机等电子设备中,而在汽车导航、工控机等设备中电阻触摸屏仍占主流。

9.2.2 触摸屏的检测原理

4线电阻触摸屏结构如图9-2所示,主要由两层镀有ITO镀层的薄膜组成。其中一层在屏幕的左右边缘各有一条垂直总线,另一层在屏幕的底部和顶部各有一条水平总线,如果在一层薄膜的两条总线上施加电压,在ITO镀层上就会形成均匀电场。当使用者触击触摸屏时,触击点处两层薄膜接触,在另一层薄膜上就可以测量到接触点的电压值。

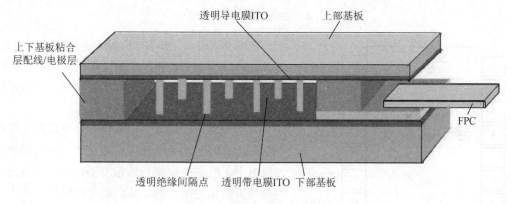

图9-2 4线电阻触摸屏结构

4线电阻触摸屏的检测过程如图9-3所示,测量出来的电压值与接触点的位置线性相关,即可以由V_{PX}和V_{PY}分别计算出接触点P的X和Y坐标。

在实际测量中,控制电路会交替在X和Y电极组上施加VCC电压,进行电压测量和计算接触点的坐标。测量流程如下:

首先,在X+上施加VCC,X-上施加0V电压,测量Y+(或Y-)电极上的电压值V_{PX},计算出接触点P的X坐标;接着,在Y+上施加VCC,Y-上施加0V电压,测量X+(或X-)电极上的电压值V_{PY},计算出接触点P的Y坐标;然后以上两步组成一个测量周期,可以得到一组(X,Y)坐标;最后重复测量多组,去除最小和最大值后,求平均值作为检测结果。

为了方便检测触摸的坐标,一些芯片厂商制作了电阻触摸屏专用的控制芯片,控制上述采集过程、采集电压,外部微控制器直接与触摸控制芯片通信获得触点的电压或坐标。

STM32F4 教学平台的 3.2 英寸电阻触摸屏是采用 XPT2046 芯片作为触摸控制芯片的，XPT2046 芯片控制 4 线电阻触摸屏，STM32F4 与 XPT2046 采用 SPI 通信获取采集得的电压，并转换成坐标。XPT2046 芯片引脚结构图如图 9-4 所示。

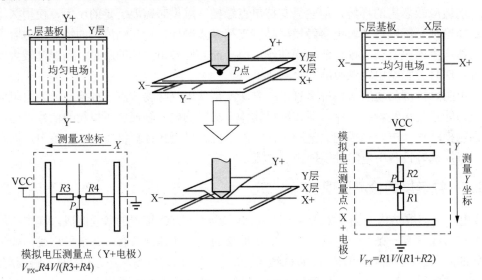

图 9-3　4 线电阻触摸屏的检测过程

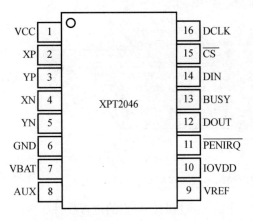

图 9-4　XPT2046 芯片引脚结构图

在图 9-4 中，引脚 XP 和 XN 连接触摸屏的 X+ 与 X-接口，引脚 YP 和 YN 连接触摸屏的 Y+与 Y-接口。另外，XPT2046 通过 SPI 接口与主控制器进行通信所用引脚功能描述如下：

引脚 PENIRQ：笔触中断信号，当设置了笔触中断信号有效时，每当触摸屏被按下，该引脚被拉为低电平。当主控检测到该信号后，可以通过发控制信号来禁止笔触中断，从而避免在转换过程中误触发控制器中断。该引脚内部连接了一个 50kΩ 的上拉电阻。

引脚 $\overline{CS}$：芯片选中信号，当 $\overline{CS}$ 被拉低时，用来控制转换时序并使能串行 I/O 寄存器以移出或移入数据。当该引脚为高电平时，其 ADC 芯片进入掉电模式。

引脚 DCLK：外部时钟输入，该时钟用来驱动 ADC 的转换进程，并驱动数字 I/O 上的串行数据传输。

引脚 DIN：芯片的数据串行输入脚，当 $\overline{CS}$ 为低电平时，数据在串行时钟 DCLK 的上升沿被锁存到片上的寄存器。

引脚 DOUT：串行数据输出，在时钟 DCLK 的下降沿，数据从此引脚送出，当 $\overline{CS}$ 引脚为高电平时，该引脚为高阻态。

引脚 BUSY：忙输出信号，当芯片接收完命令并开始转换时，该引脚产生一个 DCLK 周期的高电平。当该引脚由高点平变为低电平的时刻,转换结果的最高位数据呈现在 DOUT 引脚上,主控可以读取 DOUT 的值。当 $\overline{CS}$ 引脚为高电平时,BUSY 引脚为高阻态。

9.2.3 系统硬件组成

STM32F4 实验教学平台中使用的 3.2 英寸 TFT-LCD 屏自带触摸屏功能,其内部采用 XPT2046 芯片完成触摸屏检测功能,并以 SPI 总线形式输出,在引脚功能图 9-1 中,有 5 个引脚用于触摸屏检测输出的。STM32F4 实验教学平台中,上述引脚与 STM32F4 的 I/O 口对应表,见表 9-2。

表 9-2 TFT-LCD 屏触摸屏功能引脚与 STM32F4 的 I/O 口对照表

引脚编号	TFT-LCD 屏功能引脚	STM32F4 的 I/O 口
29	T_CLK	PC1
30	T_CS	PC0
31	T_DIN	PC3
33	T_D0	PC2
34	T_IRQ	PC10

9.2.4 软件设计原理

在系统启动后,需对用于触摸屏检测芯片 XPT2046 通信的 I/O 口进行初始化配置,根据表 9-2 提供的对照表,将 PC0、PC1 及 PC3 设置为推挽输出方式,将 PC2 和 PC10 设置为上拉输入方式,通过调用自定义函数 TOUCH_IO_ENABLE 来实现;再通过 SPI 接口启动 XPT2046 芯片,其方法是将引脚 T_CS、T_CLK、T_IN 置 1 拉高,通过调用自定义函数为 SPI_Start 来实现。触摸屏检测使用的各类函数都存放于接口文件 TOUCH.c 中。

由于 TFT 屏的触摸屏检测通常与 LCD 显示一起使用,因此也会使用函数 LCD_IO_ENABLE 和 LCD_Init 完成显示功能引脚的初始化平配置。关于 TFT 屏的显示和触摸屏的引脚功能可以参照图 9-1。

在主循环体内,可以通过检测 $\overline{PENIRQ}$ 引脚来判定是否有摸触屏动作,当 $\overline{PENIRQ}$ 引脚出现低电平时,表示有触摸屏动作;使用第三方提供的接口函数获取触点的坐标,再对多次采集数据进行处理,并设计相应的显示效果。

与获取触点的坐标有关的函数有主要是 u16 ADS_Read_AD、u16 ADS_Read_XY、u8 Read_ADS、u8 ADS_RANGE 和 u8 Read_TP_Once(void),功能介绍如下:

u16 ADS_Read_AD(unsigned char CMD) 的函数功能:读取坐标值,当 CMD 取 0xD0 时,函数返回触点的 X 坐标值;当 CMD 取 0x90 时,函数返回触点的 Y 坐标值。

u16 ADS_Read_XY(u8 xy) 的函数功能:对坐标值进行处理,连续读取多次坐标值,并将其最大值和最小值去除,其余值求平均。

u8 Read_ADS(u16 *x,u16 *y) 的函数功能:对坐标值滤波,将坐标值小于 100 的去除。

u8 ADS_RANGE (u16 *x,u16 *y) 的函数功能:对坐标值误差进行计算,返回 1 表示误差未超出设定值;返回 0 表示误差已超出设定值。该函数可以提高采集的准确度。

u8 Read_TP_Once(void)）的函数功能：精确读取一次坐标值，用于触摸屏校准。

需要说明的是，对于触摸屏检测精度要求较高的应用，应在初始化部分进行校准参数的测量。由于触摸屏生产型号及批次的不同，因此默认的校准参数很可能不准确，需要重新测量。校准参数一般有 4 个：X 方向和 Y 方向的比例因子，以及 X 方向和 Y 方向坐标为零时的 AD 值。

校准参数重新测量的方法是，通过依次点击触摸屏 4 个顶点，采集各自的 AD 值，再换算出适合于使用中触摸屏的 4 个校准参数值。之后触摸屏检测出的坐标值都需经过校准参数修正后才可以使用。校准参数重新测量的设计过程请读者自行阅读相关源代码。

通常在应用中，需要将触摸屏检测结果在 LCD 屏上显示，因此会在工程文件中加入显示功能的接口文件 LCD.c，以便于调用各类显示函数。

9.3 通用串行通信应用

通用串行通信是应用广泛的一种串行通信方式，本实例主要实现 STM32F4 实验教学平台与 PC 之间数据的串行通信。

9.3.1 通用串行通信简介

通用同步/异步串行接收/发送器（Universal Synchronous/Asynchronous Receiver/Transmitter，USART）是一个全双工通用同步/异步串行收发模块，是一个高度灵活的串行通信设备。USART 不仅支持同步单向通信和半双工单线通信，还支持 LAN（局域互联网络）、智能卡协议与 IrDA（红外线数据协会）SIR ENDEC 规范，以及调制解调器操作（CTS/RTS）。而且，它可以通过配置多个缓冲区使用 DMA 实现高速数据通信。

USART 双向通信均需要至少两个引脚：接收数据输入引脚（RX）和发送数据引脚输出（TX）。其中 RX 为接收数据输入引脚，即串行数据输入引脚；TX 为发送数据输出引脚，在单线和智能卡模式下，该 I/O 用于发送和接收数据（USART 电平下，随后在 SW_RX 上接收数据）。

正常 USART 模式下，通过这些引脚以帧的形式发送和接收串行数据：
（1）发送或接收前保持空闲线路。
（2）起始位。
（3）数据（字长 8 位或 9 位），最低有效位在前。
（4）用于指示帧传输已完成的 0.5 个、1 个、1.5 个、2 个停止位。
（5）该接口使用小数波特率发生器，带 12 位尾数和 4 位小数。
（6）状态寄存器（USART_SR）。
（7）数据寄存器（USART_DR）。
（8）波特率寄存器（USART_BRR），带 12 位尾数和 4 位小数。

9.3.2 USART 通信相关固件库函数

下面简单介绍几个与串口基本配置直接相关的固件库函数。这些函数和定义主要分布在

stm32f4××_usart.h 和 stm32f4××_usart.c 文件中。

1. 串口时钟和 GPIO 时钟使能

串口是挂载在 APB2 下面的外设，其使能函数如下：

```
RCC_APB2PeriphClockCmd(RCC_APB2Periph_USART1,ENABLE);    //使能串口1时钟
```

串口 USART1 对应 STM32 芯片的 I/O 接口 PA9 和 PA10，GPIO 时钟使能，即对 PA 口的时钟使能，其使能函数如下：

```
RCC_AHB1PeriphClockCmd(RCC_AHB1Periph_GPIOA,ENABLE);    //使能 PA 时钟
```

2. 设置引脚复用器映射

由于 USART1 为 PA9 和 PA10 的复用功能，因此需要进行引脚复用器映射配置，配置方法如下：

```
GPIO_PinAFConfig(GPIOA,GPIO_PinSource9,GPIO_AF_USART1);//PA9 复用为 USART1
GPIO_PinAFConfig(GPIOA,GPIO_PinSource10,GPIO_AF_USART1);//PA10 复用为 USART1
```

3. GPIO 端口初始化设置

在 GPIO 端口初始化设置中，与普通 I/O 配置不同的是，模式设置为复用功能，调用固件库函数 GPIO_Init 来实现，关键代码如下：

```
GPIO_InitStructure.GPIO_Pin=GPIO_Pin_9 | GPIO_Pin_10;    //PA9 与 PA10
GPIO_InitStructure.GPIO_Mode=GPIO_Mode_AF;               //复用功能
GPIO_InitStructure.GPIO_Speed=GPIO_Speed_50MHz;          //速度 50MHz
GPIO_InitStructure.GPIO_OType=GPIO_OType_PP;             //推挽复用输出
GPIO_InitStructure.GPIO_PuPd=GPIO_PuPd_UP;               //上拉
GPIO_Init(GPIOA,&GPIO_InitStructure);                    //初始化 PA9,PA10
```

4. 串口参数初始化设置

串口初始化通过调用固件库函数 USART_Init 来实现，配置完成后调用 USART_Cmd 函数串口使能，关键代码如下：

```
USART_InitStructure.USART_BaudRate=bound;     //串口波特率，一般设置为 9600;
USART_InitStructure.USART_WordLength=USART_WordLength_8b;
                                              //串口数据字长,设为 8 位字长
USART_InitStructure.USART_StopBits=USART_StopBits_1;    //一个停止位
USART_InitStructure.USART_Parity=USART_Parity_No;       //无奇偶校验位
USART_InitStructure.USART_HardwareFlowControl=USART_
    HardwareFlowControl_None;                           //无硬件数据流控制
USART_InitStructure.USART_Mode=USART_Mode_Rx | USART_Mode_Tx;
                                                        //收发模式
USART_Init(USART1, &USART_InitStructure);               //初始化串口
```

```
        USART_Cmd(USART1, ENABLE);                                              //使能串口
```

5. 串口数据发送与接收

STM32F4 的发送与接收是通过数据寄存器 USART_DR 来实现的，这是一个双寄存器，包含 TDR 和 RDR。当向该寄存器写数据时，串口就会自动发送，当收到数据的时候，也是存在该寄存器内。

通过 USART_DR 寄存器发送数据的函数为 USART_SendData，可实现向串口寄存器 USART_DR 写入一个数据，函数结构如下：

```
    void USART_SendData(USART_TypeDef* USARTx, uint16_t Data)
```

通过 USART_DR 寄存器读取串口接收数据的函数是 USART_ReceiveData，可以实现读取串口接收到的数据，函数结构如下：

```
    uint16_t USART_ReceiveData(USART_TypeDef* USARTx)
```

6. 串口状态读取与判定

串口的状态可以通过状态寄存器 USART_SR 读取，该寄存器的第 5 位 RXNE 和第 6 位 TC 功能说明如下：

RXNE（读数据寄存器非空）：当该位被置 1 时，表明有数据被接收到，且可读出。此时可直接读取寄存器 USART_DR，获取串行数据。在读 USART_DR 可以将该位清零，也可以向该位写 0，直接清除。

TC（发送完成）：当该位被置 1 时，表示 USART_DR 内的数据已经发送完成。如果设置了这个位的中断，则会产生中断。该位也有两种清零方式：①读 USART_SR，写 USART_DR；②直接向该位写 0。

在固件库函数里面，读取串口状态的函数如下：

```
    FlagStatus USART_GetFlagStatus(USART_TypeDef* USARTx, uint16_t USART_FLAG)
```

该函数的第 2 个入口参数标志用于查看串口的哪种状态，如 RXNE 位（读数据寄存器非空）或 TC 位（发送完成）。例如，要判断读寄存器是否非空（RXNE 位），操作库函数的方法如下：

```
    USART_GetFlagStatus(USART1, USART_FLAG_RXNE);
```

而判断发送是否完成（TC 位）的操作库函数方法如下：

```
    USART_GetFlagStatus(USART1, USART_FLAG_TC);
```

7. NVIC 初始化与中断使能

当需要采用串口中断方式运行时，还应进行中断配置与使能，通过调用函数 NVIC_Init 来设置，关键代码如下：

```
    NVIC_InitStructure.NVIC_IRQChannel=USART1_IRQn;
```

```
NVIC_InitStructure.NVIC_IRQChannelPreemptionPriority=3;  //抢占优先级 3
NVIC_InitStructure.NVIC_IRQChannelSubPriority =3;        //响应优先级 3
NVIC_InitStructure.NVIC_IRQChannelCmd=ENABLE;            //IRQ 通道使能
NVIC_Init(&NVIC_InitStructure);               //根据指定的参数初始化 NVIC 寄存器
```

同时，还需要使能相应中断，使能串口中断的函数定义如下：

```
void USART_ITConfig(USART_TypeDef* USARTx, uint16_t USART_IT, Functional
    State NewState)
```

该函数的第 2 个入口参数用于标志使能串口的类型，即使能哪种中断。例如，在接收数据的时候（RXNE 位，读数据寄存器非空）要产生中断，那么开启中断的代码如下：

```
USART_ITConfig(USART1, USART_IT_RXNE, ENABLE);
```

如果在发送数据结束的时候（TC 位，发送完成）产生中断，那么开启中断的代码如下：

```
USART_ITConfig(USART1,USART_IT_TC,ENABLE);
```

8. 判断相应中断状态

在使能某中断后，当该中断发生时，会设置状态寄存器中的某个标志位。在中断处理函数中，常常要判断其是哪种中断，使用的函数定义如下：

```
ITStatus USART_GetITStatus(USART_TypeDef* USARTx, uint16_t USART_IT)
```

例如，使能串口发送完成中断，那么当中断发生时，可以在中断处理函数中调用这个函数来判断是否是串口发送完成中断，方法如下：

```
USART_GetITStatus(USART1, USART_IT_TC);
```

当返回值为 SET 时，说明串口发送完成中断发生。

9. 中断服务函数说明

当发生中断的时候，程序就会执行中断服务函数，根据设计需要将代码编写在该函数中即可。串口 1 中断服务函数如下：

```
void USART1_IRQHandler(void)
```

以上即为 STM32F4 处理器的串口基本配置内容。关于串口更详细的介绍，请参考《STM32F4××中文参考手册》。

9.3.3 系统硬件组成

在 STM32F4 实验教学平台中，为了能够实现教学平台与 PC 之间的串口通信，加入了电平转换芯片 MAX3232。STM32F4 芯片上的 USART 接口为 TTL 电平，而 PC 的 COM 口为 RS232 电平，两者之间不能直接相连，需进行电平转换，MAX3232 芯片负责完成该工作。

另外，教学平台可以使用 USART1 或 USART2 与 PC 通信，其切换由按键操作完成。相关硬件设计原理图如图 9-5 所示。

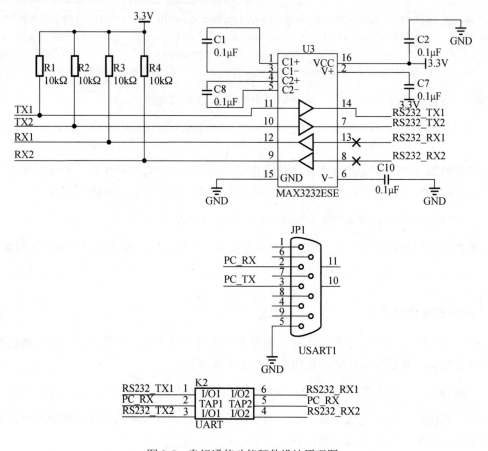

图 9-5　串行通信功能硬件设计原理图

9.3.4　软件设计原理

系统启动后，调用自定义函数 USART_Init 对要使用的串口进行初始化配置，其配置过程代码可参见 9.3.2 节的内容，主要流程如下：

（1）串口和 GPIO 的时钟使能。
（2）设置引脚复用器映射。
（3）GPIO 端口初始化设置。
（4）串口参数初始化设置。
（5）NVIC 初始化与中断使能。

在完成相关初始化配置后即可进行主循环体。程序中自定义了两个全局变量，一个用于存储接收串行数据段，另一个用于标示该组串行数据段是否接收完成，变量声明如下：

```
extern u8  USART_RX_BUF[200];   //接收缓存区
extern u16 USART_RX_STA;        //接收状态标志
```

在串口中断服务函数中，将每次接收的串行字节数据依次顺序存入接收缓存区 USART_RX_BUF 中，直到接收回车符（0x0D）与换行符（0x0A），表示该组串行数据结束，同时向接收状态变量 USART_RX_STA 写入标志。

在主循环体内检测接收状态变量 USART_RX_STA，当判定有一组串行数据段存储完成时，再将接收缓存区内数据从串口按字节依次发送出去。完成后将接收状态变量 USART_RX_STA 清除。这样就实现了将 PC 送来的一组串行数据从串口回送给 PC。

需要说明的是，PC 发送串口数据需使用第三方提供的串口调试工具，并应注意串口数据格式要与教学平台中串口初始化内容一致。有时接收会出现乱码的情况，这是双方串行通信波特率不一致造成的。

9.4 ADC 输入采集应用

ADC 负责将模拟信号转换为数字信号，广泛适用于传感器检测、信号采集与分析及无线通信领域。本实例使用 STM32F4 处理器自带的 ADC 模块实现对模拟电压的采集与显示。

9.4.1 ADC 模块简介

STM32F4 系列处理器通常有 3 个 ADC，它们既可以独立使用，也可以使用双重/三重模式（提高采样率）。STM32F4 处理器的 ADC 是 12 位逐次逼近型模拟数字转换器。它有 19 个通道，可测量 16 个外部源、2 个内部源和 Vbat 通道的信号。这些通道的 A/D 转换可以单次、连续、扫描或间断模式执行。

STM32F4 处理器 ADC 的最大转换速率为 2.4MHz，也就是转换时间为 1μs（在 ADCCLK=36MHz,采样周期为 3 个 ADC 时钟下得到)，不要让 ADC 的时钟频率超过 36MHz，否则将导致结果准确度下降。

STM32F4 处理器将 ADC 的转换分为 2 个通道组：规则通道组和注入通道组。规则通道相当于正常运行的程序，注入通道相当于中断。在程序正常执行的时候，中断是可以打断执行的。注入通道的转换可以打断规则通道的转换，在注入通道转换完成之后，规则通道才得以继续转换。规则通道组最多包含 16 个转换，注入通道组最多包含 4 个通道。STM32F4 处理器的 ADC 有很多种不同的转换模式。

9.4.2 ADC 的转换方法

STM32F4 处理器的 ADC 在单次转换模式下，只执行一次转换，该模式可以通过 ADC_CR2 寄存器的 ADON 位（只适用于规则通道）启动，也可以通过外部触发启动（适用于规则通道和注入通道），这时 CONT 位为 0。

以规则通道为例，一旦所选择的通道转换完成，转换结果将被存在 ADC_DR 寄存器中，EOC（转换结束）标志将被置位，如果设置了 EOCIE，则会产生中断。之后 ADC 将停止，直到下次启动。下面介绍执行规则通道的单次转换，需要用到 ADC 寄存器。

1. ADC 控制寄存器（ADC_CR1 和 ADC_CR2）

ADC_CR1 的 SCAN 位，该位用于设置扫描模式，由软件设置和清除，如果设置为 1，则使用扫描模式；如果设置为 0，则关闭扫描模式。在扫描模式下，由 ADC_SQRx 或 ADC_JSQRx

寄存器选中的通道被转换。如果设置了 EOCIE 或 JEOCIE，只在最后一个通道转换完毕后才会产生 EOC 或 JEOC 中断。

ADC_CR1[25:24]用于设置 ADC 的分辨率，对应关系为 00 对应 12 位（15 ADCCLK 周期），01 对应 10 位（13 ADCCLK 周期），10 对应 8 位（11 ADCCLK 周期），11 对应 6 位（9 ADCCLK 周期）。

ADC_CR2 寄存器的 ADON 位用于开关 ADC；CONT 位用于设置是否进行连续转换，此处使用单次转换，所以 CONT 位必须为 0；ALIGN 位用于设置数据对齐，这里使用右对齐，该位设置为 0。

EXTEN[1:0]用于规则通道的外部触发使能设置，对应关系为 00 对应禁止触发检测，01 对应上升沿上的触发检测，10 对应下降沿上的触发检测，11 对应上升沿和下降沿上的触发检测。

这里使用的是软件触发，即不使用外部触发，所以设置这两个位为 0 即可。

ADC_CR2 的 SWSTART 位用于开始规则通道的转换，每次转换（单次转换模式下）都需要向该位写 1。

2. ADC 通用控制寄存器（ADC_CCR）

该寄存器的 TSVREFE 位是内部温度传感器和 Vrefint 通道使能位，这里直接设置为 0；寄存器的 ADCPRE[1:0]位用于设置 ADC 输入时钟分频，00～11 分别对应 2、4、6、8 分频，STM32F4 处理器 ADC 的最大工作频率是 36MHz，而 ADC 时钟（ADCCLK）来自 APB2，APB2 频率一般是 84MHz，所以一般设置 ADCPRE=01，即 4 分频，这样得到 ADCCLK 频率为 21MHz。

寄存器的 MULTI[4:0]位用于多重 ADC 模式选择，对应关系如下：00000 为独立模式；00001～01001 为双重模式，ADC1 和 ADC2 一起工作，ADC3 独立；10001～11001 为三重模式，ADC1、ADC2 和 ADC3 一起工作；其他所有组合均需保留且不允许编程。

3. ADC 采样时间寄存器（ADC_SMPR1 和 ADC_SMPR2）

这两个寄存器用于设置通道 0～18 的采样时间，每个通道占用 3 位。3 位值含义为 000 表示 3 个周期，100 表示 84 个周期，001 表示 15 个周期，101 表示 112 个周期，010 表示 28 个周期，110 表示 144 个周期，011 表示 56 个周期，111 表示 480 个周期。

对于每个要转换的通道，采样时间建议尽量长一点，以获得较高的准确度，但是这样会降低 ADC 的转换速率。ADC 的转换时间可以根据式（9-1）来计算：

$$T_{covn} = 采样时间 + 12 \text{ 个周期} \tag{9-1}$$

其中：T_{covn} 为总转换时间，采样时间是根据每个通道的 SMP 位的设置来决定的。例如，当 ADCCLK=21MHz 的时候，设置 3 个周期的采样时间，得到 T_{covn}=3+12=15 个周期=0.71(μs)。

4. ADC 规则序列寄存器（ADC_SQR1～ADC_SQR3）

该寄存器共有 3 个，其功能基本相似，有 L[3:0]位，含义为 0000 表示 1 次转换，0001 表示 2 次转换，……，1111 表示 16 次转换。

该寄存器 SQx[4:0]位表示规则序列中的第 x 次转换。

在本实例中，L[3:0]用于存储规则序列的长度，这里只用了 1 个，所以设置这几个位的值为 0。其他的 SQ13～SQ16 则存储了规则序列中第 13～16 个通道的编号（0～18）。另外，两个规则序列寄存器同 ADC_SQR1 大同小异，要说明的一点是，这里选择的是单次转换，所以只有一个通道在规则序列中，这个序列就是 SQ1，至于具体 SQ1 中的哪个通道，完全由用户通过 ADC_SQR3 的最低 5 位（也就是 SQ1）设置。

5. ADC 规则数据寄存器（ADC_DR）

规则序列中的 A/D 转化结果都将存储在 ADC 规则数据寄存器中，而注入通道的转换结果保存在 ADC_JDRx 中。该寄存器的 DATA[15:0]位为规则数据，为只读。它们包括来自规则通道的转换结果。数据有左对齐和右对齐两种方式。

6. ADC 状态寄存器（ADC_SR）

该寄存器保存了 ADC 转换时的各种状态。其中，EOC 位用于判定此次规则通道的 A/D 转换是否已经完成。如果该位为 1，则表示转换完成，可以从 ADC_DR 中读取转换结果，否则等待转换完成。

9.4.3 系统硬件组成

在 STM32F4 实验教学平台中，设计了一个四口插针，其中两个接口为 ADC 输入端，与 STM32F4 的 PA5 口相连，使用的是 ADC1 的通道 5。用户可以将某个外部模拟电压从四口插针接入来做测试，也可直接与 DAC 端连接，用来测试 DAC 输出模拟量大小。应注意的是，ADC 采集电压不能大于 3.3V，否则会造成 ADC 的损坏。ADC 输入采集硬件设计原理图如图 9-6 所示。

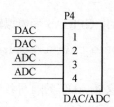

图 9-6 ADC 输入采集硬件设计原理图

9.4.4 初始化配置过程

要使 STM32F4 处理器的 ADC 采集开始工作，应对其进行初始化配置，主要完成以下工作。

1. 使能 PA 口和 ADC1 时钟

根据表 9-3 中 ADC 各通道与 I/O 口对照信息可知，ADC1 通道 5 在 PA5 上，所以要先使能 GPIOA 的时钟，并设置 PA5 为模拟输入，同时要把 PA5 复用为 ADC。这里特别要提醒，对于 I/O 口复用为 ADC 应设置模式为模拟输入，而不是复用功能，也不需要调用 GPIO_PinAFConfig 函数来设置引脚映射关系。

表 9-3 ADC 各通道与 I/O 口对照表

通道号	ADC1 对应端口	ADC2 对应端口	ADC3 对应端口
通道 0	PA0	PA0	PA0
通道 1	PA1	PA1	PA1
通道 2	PA2	PA2	PA2

续表

通道号	ADC1 对应端口	ADC2 对应端口	ADC3 对应端口
通道 3	PA3	PA3	PA3
通道 4	PA4	PA4	PF6
通道 5	PA5	PA5	PF7
通道 6	PA6	PA6	PF8
通道 7	PA7	PA7	PF9
通道 8	PB0	PB0	PF10
通道 9	PB1	PB1	PF3
通道 10	PC0	PC0	PC0
通道 11	PC1	PC1	PC1
通道 12	PC2	PC2	PC2
通道 13	PC13	PC13	PC13
通道 14	PC4	PC4	PF4
通道 15	PC5	PC5	PF5

使能 GPIOA 时钟和 ADC1 时钟很简单，具体方法如下：

```
RCC_AHB1PeriphClockCmd(RCC_AHB1Periph_GPIOA,ENABLE);     //使能 PA 口时钟
RCC_APB2PeriphClockCmd(RCC_APB2Periph_ADC1,ENABLE);   //使能 ADC1 时钟
```

初始化 GPIOA5 为模拟输入的关键代码如下：

```
GPIO_InitStructure.GPIO_Mode=GPIO_Mode_AN;               //模拟输入
```

2. 设置 ADC 的通用控制寄存器

对 ADC 的通用控制寄存器 CCR 进行操作，配置 ADC 输入时钟分频、模式等。在库函数中，初始化 CCR 是通过调用函数 ADC_CommonInit 来实现的，其结构如下：

```
void ADC_CommonInit(ADC_CommonInitTypeDef* ADC_CommonInitStruct)
```

初始化实例如下：

```
ADC_CommonInitStructure.ADC_Mode=ADC_Mode_Independent;
ADC_CommonInitStructure.ADC_TwoSamplingDelay=ADC_TwoSamplingDelay_5Cycles;
ADC_CommonInitStructure.ADC_DMAAccessMode=ADC_DMAAccessMode_Disabled;
ADC_CommonInitStructure.ADC_Prescaler=ADC_Prescaler_Div4;
ADC_CommonInit(&ADC_CommonInitStructure);                //调用初始化函数
```

其中，参数 ADC_Mode 用来设置是独立模式还是多重模式，这里选择独立模式。参数 ADC_TwoSamplingDelay 用来设置两个采样阶段之间的延迟周期数，取值范围为 ADC_TwoSamplingDelay_5Cycles～ADC_TwoSamplingDelay_20Cycles。参数 ADC_DMAAccessMode 是 DMA 模式禁止或使能相应 DMA 模式。参数 ADC_Prescaler 用来设置 ADC 预分频器。这里设置分频系数为 4 分频 ADC_Prescaler_Div4，保证 ADC1 的时钟频率不超过 36MHz。

3. 对 ADC1 进行初始化设置

初始化 ADC1 参数主要包括设置 ADC1 的转换分辨率、转换方式、对齐方式，以及规则

序列等相关信息。具体的使用函数如下:

```
void ADC_Init(ADC_TypeDef* ADCx, ADC_InitTypeDef* ADC_InitStruct)
```

初始化实例如下:

```
ADC_InitStructure.ADC_Resolution=ADC_Resolution_12b;    //12 位模式
ADC_InitStructure.ADC_ScanConvMode=DISABLE;             //非扫描模式
ADC_InitStructure.ADC_ContinuousConvMode=DISABLE;       //关闭连续转换
ADC_InitStructure.ADC_ExternalTrigConvEdge=ADC_ExternalTrigConvEdge_None;
                                                        //禁止触发检测,使用软件触发
ADC_InitStructure.ADC_DataAlign=ADC_DataAlign_Right;    //右对齐
ADC_InitStructure.ADC_NbrOfConversion=1;                //1 个转换在规则序列中
ADC_Init(ADC1, &ADC_InitStructure);                     //ADC1 初始化
```

其中,参数 ADC_Resolution 用来设置 ADC 转换分辨率,取值范围为 ADC_Resolution_6b/8b/10b/12b。参数 ADC_ScanConvMode 用来设置是否打开扫描模式。这里设置为单次转换,所以不打开扫描模式,值为 DISABLE。参数 ADC_ContinuousConvMode 用来设置是单次转换模式还是连续转换模式,这里是单次转换模式,所以关闭连续转换模式,值为 DISABLE。参数 ADC_ExternalTrigConvEdge 用来设置外部通道的触发使能和检测方式。这里直接禁止触发检测,使用软件触发;还可以设置为上升沿触发检测、下降沿触发检测及上升沿和下降沿都触发检测。参数 ADC_DataAlign 用来设置数据对齐方式,取值范围为右对齐 ADC_DataAlign_Right 和左对齐 ADC_DataAlign_Left。参数 ADC_NbrOfConversion 用来设置规则序列的长度,这里是单次转换,所以值为 1 即可。

实际上还有一个参数 ADC_ExternalTrigConv 用来为规则组选择外部事件。因为前面配置的是软件触发,所以这里可以不用配置。如果选择其他触发方式方式,这里需要配置。

4. 启动 ADC

在设置完成后,就可以开启 ADC 了(通过 ADC_CR2 寄存器控制)。

```
ADC_Cmd(ADC1,ENABLE);                   //开启 ADC
```

9.4.5 软件设计原理

系统启动后,首先完成 ADC 的初始化配置,通过调用自定义函数 ADC_Init 实现。在初始化完成并启动 ADC 转换后,还需设置规则通道和软件开启 A/D 转换。其设置规则序列通道及采样周期的函数如下:

```
void ADC_RegularChannelConfig(ADC_TypeDef* ADCx, uint8_t ADC_Channel,
    uint8_t Rank, uint8_t ADC_SampleTime);
```

这里是规则序列中的第 1 个转换,同时采样周期为 480,所以实际代码如下:

```
ADC_RegularChannelConfig(ADC1, ADC_Channel_5,1, ADC_SampleTime_480Cycles);
```

软件开启 ADC 转换的方法如下:

```
ADC_SoftwareStartConvCmd(ADC1);         //使能指定的 ADC1 软件转换启动功能
```

开启转换之后，就可以获取转换 ADC 转换结果数据，其方法如下：

```
ADC_GetConversionValue(ADC1);
```

同时在 A/D 转换中，还要根据状态寄存器的标志位来获取 A/D 转换的各个状态信息。库函数获取 A/D 转换的状态信息的函数如下：

```
FlagStatus ADC_GetFlagStatus(ADC_TypeDef* ADCx, uint8_t ADC_FLAG)
```

例如，要判断 ADC1 的转换是否结束，其方法如下：

```
while(!ADC_GetFlagStatus(ADC1, ADC_FLAG_EOC ));   //等待转换结束
```

实际应用中，在主循环体内调用函数 ADC_GetConversionValue 即可获取 ADC 采集值，通常还需换算出模拟电压值，换算代码如下：

```
ADC_A=(float) ADC_D*(3.3/4096);//ADC_D 为 ADC 采集的数字值，ADC_A 为换算后的电压值
```

完成上述操作后，根据需要编写程序完成对采集结果的显示。

9.5　DAC 模拟输出应用

DAC 负责将数字信号转化为模拟信号输出后，传送给模拟信号设备。本实例使用 STM32F4 处理器自带的 DAC 和 ADC 模块，实现将 DAC 输出的模拟量再用 ADC 采集，并对比分析原始数字信号与转换后的数字信号。

9.5.1　DAC 模块简介

STM32F4 处理器的 DAC 模块是 12 位数字输入，属于电压输出类型。DAC 可以配置为 8 位或 12 位模式，也可以与 DMA 控制器配合使用。DAC 工作在 12 位模式时，数据可以设置成左对齐或右对齐。DAC 模块有 2 个输出通道，通道 1 对应 PA4 口，通道 2 对应 PA5 口，每个通道都有单独的转换器。

在双 DAC 模式下，2 个通道可以独立地进行转换，也可以同时进行转换并同步更新 2 个通道的输出。DAC 可以通过引脚输入参考电压 V_{ref+}（与 ADC 共用）以获得更精确的转换结果。

STM32F4 处理器的 DAC 模块主要特点如下：

（1）2 个 DAC 转换器：每个转换器对应 1 个输出通道。
（2）8 位或 12 位单调输出。
（3）12 位模式下数据左对齐或右对齐。
（4）同步更新功能。
（5）噪声波形生成。
（6）三角波形生成。
（7）双 DAC 通道同时或分别转换。

(8) 每个通道都有 DMA 功能。

STM32F4 处理器的 DAC 支持 8 位/12 位模式,8 位模式的时候是固定的右对齐,而 12 位模式时可以设置左对齐/右对齐。单 DAC 通道有以下 3 种情况。

(1) 8 位数据右对齐:用户将数据写入 DAC_DHR8Rx[7:0]位。

(2) 12 位数据左对齐:用户将数据写入 DAC_DHR12Lx[15:4]位。

(3) 12 位数据右对齐:用户将数据写入 DAC_DHR12Rx[11:0]位。

本实例使用的就是单 DAC 通道 1,采用 12 位右对齐格式,所以采用第 3 种情况。

9.5.2 DAC 的转换方法

当 DAC 的参考电压为 V_{ref+} 的时候,DAC 的输出电压是线性地从 $0\sim V_{ref+}$,12 位模式下 DAC 输出电压与 V_{ref+} 及 DORx 的关系如下:

$$DAC 输出电压 = V_{ref+} \times (DORx/4\,095) \qquad (9-2)$$

要实现 DAC 的通道 1 输出,需要用到下列寄存器。

1. DAC 控制寄存器 DAC_CR

寄存器 DAC_CR 的低 16 位用于控制通道 1,高 16 位用于控制通道 2,下面就通道 1 的低 8 位做简单的功能说明。

(1) 使能位(EN1):用来控制 DAC 通道 1 使能,本实例使用通道 1,即该位设为 1。

(2) 输出缓存控制位(BOFF1):本次暂不使用输出缓存,所以该位设为 1。

(3) DAC 通道 1 触发使能位(TEN1):本次不使用触发,所以该位设为 0。

(4) DAC 通道 1 触发选择位(TSEL1[2:0]):本次未使用到外部触发,所以该位设为 0。

(5) DAC 通道 1 噪声/三角波生成使能位(WAVE1[1:0]):本次未用到波形发生器,该位设为 0。

(6) DAC 通道 1 屏蔽/幅值选择器(MAMP[3:0]):本次未用到波形发生器,该位设为 0。

(7) DAC 通道 1 DMA 使能位(DMAEN1):本次未用到 DMA 功能,该位设为 0。

2. DAC 12 位右对齐数据保持寄存器 DAC_DHR12R1

在 DAC_CR 设置好之后,DAC 就可以正常工作了,仅需要再设置 DAC 的数据保持寄存器的值,就可以在 DAC 输出通道得到想要的电压了(对应 I/O 口设置为模拟输入)。本实例使用了 DAC 通道 1 的 12 位右对齐数据格式,所以需使用 12 位右对齐数据保持寄存器 DAC_DHR12R1。将输出的 12 位数字量存入该存储器,就可以在 DAC 输出通道 1(PA4)得到转换后模拟量结果了。

9.5.3 系统硬件组成

DAC 接口也是 STM32F4 处理器的内部功能,无须外接其他电路。在 STM32F4 实验教学平台中,DAC 接口与 ADC 接头做在一个四口排针上,硬件设计图可参看图 9-6。当需要将 DAC 输出模拟量用 ADC 采集显示时,可以将排针中间两个插上短路块,使 DAC 与 ADC 短接。

9.5.4 初始化配置过程

DAC 模拟输出的配置过程需要使用 STM32 的库函数，函数定义在文件 stm32f4××_dac.c 和头文件 stm32f4××_dac.h 中。

1. 开启 PA 口时钟，设置 PA4 为模拟输入

STM32F4 处理器的 DAC 通道 1 接在 PA4 上，因此先要使能 GPIOA 的时钟，再设置 PA4 为模拟输入。这里需要特别说明，虽然 DAC 引脚设置为输入，但是 STM32F4 处理器内部会连接在 DAC 模拟输出上。

```
RCC_AHB1PeriphClockCmd(RCC_AHB1Periph_GPIOA, ENABLE);   //使能 GPIOA 时钟
GPIO_InitStructure.GPIO_Pin=GPIO_Pin_4;
GPIO_InitStructure.GPIO_Mode=GPIO_Mode_AN;              //注意:模式为模拟输入
GPIO_InitStructure.GPIO_PuPd=GPIO_PuPd_DOWN;            //下拉
GPIO_Init(GPIOA, &GPIO_InitStructure);                  //初始化
```

2. 开启 DAC1 时钟

STM32F4 处理器的 DAC 模块时钟是由 APB1 提供的，所以要通过调用函数 RCC_APB1PeriphClockCmd 来使能 DAC1 时钟。

```
RCC_APB1PeriphClockCmd(RCC_APB1Periph_DAC, ENABLE);    //使能 DAC 时钟
```

3. 设置 DAC 的工作模式

该部分通过设置寄存器 DAC_CR 来实现，包括 DAC 通道 1 使能、DAC 通道 1 输出缓存、触发控制、波形发生器等设置，通过使用自定义函数 DAC_Init 完成。

```
void DAC_Init(uint32_t DAC_Channel, DAC_InitTypeDef* DAC_InitStruct)
```

该函数中使用了参数设置结构体类型 DAC_InitTypeDef，其定义如下：

```
typedef struct
{   uint32_t DAC_Trigger;                              //是否使用触发功能
    uint32_t DAC_WaveGeneration;                       //是否使用波形发生器
    uint32_t DAC_LFSRUnmask_TriangleAmplitude;         //设置屏蔽/幅值选择器
    uint32_t DAC_OutputBuffer;                         //设置输出缓存控制位
}DAC_InitTypeDef;
```

实例代码如下：

```
DAC_InitTypeDef DAC_InitType;
DAC_InitType.DAC_Trigger=DAC_Trigger_None;              //不使用触发功能
DAC_InitType.DAC_WaveGeneration=DAC_WaveGeneration_None;//不使用波形发生器
DAC_InitType.DAC_LFSRUnmask_TriangleAmplitude=DAC_LFSRUnmask_Bit0;
                                                        //未使用，设置为 0
DAC_InitType.DAC_OutputBuffer=DAC_OutputBuffer_Disable;//不使用输出缓存控制
DAC_Init(DAC_Channel_1,&DAC_InitType);                  //初始化 DAC 通道 1
```

4. 使能 DAC 转换通道

初始化 DAC 之后,就要使能 DAC 转换通道了,使用库函数的方法如下:

```
DAC_Cmd(DAC_Channel_1, ENABLE);            //使能DAC通道1
```

5. 设置 DAC 的输出值

通过上述设置步骤,DAC 就能开始工作了。由于采用 12 位右对齐数据格式,因此通过设置 DHR12R1,就可以在 DAC 输出引脚(PA4)得到不同的电压值了。设置 DHR12R1 的库函数如下:

```
DAC_SetChannel1Data(DAC_Align_12b_R, 0);    //12位右对齐数据格式设置DAC值
```

第 1 个参数设置对齐方式,可以有 12 位右对齐(DAC_Align_12b_R)、12 位左对齐(DAC_Align_12b_L)及 8 位右对齐(DAC_Align_8b_R)3 种方式。第 2 个参数就是 DAC 的输入值了,初始化设置为 0。

此外,还可以读出 DAC 对应通道最后一次转换的数值,使用库函数的方法如下:

```
DAC_GetDataOutputValue(DAC_Channel_1);
```

需注意的是,DAC 参考电压为 3.3V,即应该将 $V_{\text{ref+}}$ 连接到 VDD 上。

9.5.5 软件设计原理

系统启动后,首先需对 DAC 模拟输出进行初始化配置,过程可参照 9.5.4 节的内容,整个过程放在自定义函数 DAC_Init 中。为实现 DAC 与 ADC 的结合使用,也应调用自定义函数 ADC_Init,完成对 DAC 的初始化配置。

在主循环体内,先调用函数 DAC_SetChannel1Data 输出某个数字变量,同时计算理论上输出的电压值,然后调用函数 ADC_GetConversionValue 即可获取 ADC 采集值,再换算出模拟电压值,最终将理论输出电压值与采集的模拟电压值都显示出来,相互比较。

如果需要在 LCD 屏上显示,不要忘记在主循环体之前,对 LCD 屏进行初始化。此外,读者还可以考虑增加几个按键检测,以调整输出电压值,实现更加丰富的 A/D、D/A 转换效果。

思 考 题

1. 借鉴 9.1 节实例编写代码,实现图片或文字在 LCD 屏上动态显示效果。
2. 借鉴 9.1 节和 9.2 节实例编写代码,实现用手指在屏幕上画图的效果。
3. 借鉴 9.3 节实例编写代码,实现将 PC 发送的图片数据显示在 LCD 屏上。
4. 借鉴 9.4 节实例编写代码,实现简易示波器功能,即在 LCD 屏上显示 ADC 采集的波形。
5. 借鉴 9.5 节实例编写代码,实现简易正弦信号源功能,即用 DAC 输出频率可调、幅度可调的正弦信号。

参 考 文 献

[1] YIU J. The definitive guide to ARM Cortex-M3 and Cortex-M4 processors[M]. 3rd ed. Amsterdam: Elsevier, 2014.
[2] STMicroelectronics Ltd. STM32F3 and STM32F4 Series Cortex-M4 Programming Manual [EB/OL]. [2018-07-10]. http://www.st.com.
[3] ARM Ltd. Cortex-M4 Devices Generic User Guide[EB/OL]. [2018-07-10]. http://www.arm.com.
[4] STMicroelectronics Ltd. STM32F405×× STM32F407×× [EB/OL]. [2018-07-10]. http://www.st.com.
[5] 张扬,等. 精通 STM32F4（库函数版）[M]. 北京：北京航空航天大学出版社，2015.
[6] 意法半导体有限公司. STM32F4××中文参考手册[EB/OL]. [2018-07-10]. http://www.st.com.
[7] 杨永杰,等. 嵌入式系统原理及应用：基于 XScale 和 Windows CE 6.0[M]. 北京：北京航空航天大学出版社，2009.
[8] 刘火良,杨森. STM32 库开发实战指南：基于 STM32F4[M]. 北京：机械工业出版社，2017.
[9] 刘火良,杨森. STM32 库开发实战指南[M]. 北京：机械工业出版社，2013.
[10] 彭刚,秦志强. 基于 ARM Cortex-M3 的 STM32 系列嵌入式微控制器应用实践[M]. 北京：电子工业出版社，2011.